Recerca al Departament d'Enginyeria Gràfica i de Disseny de la Universitat Politècnica de Catalunya. Barcelona Tech

Departament d'Enginyeria Gràfica i de Disseny - UPC

Barcelona, febrer de 2025

Recerca al Departament d’Enginyeria Gràfica i de Disseny de la Universitat Politècnica de Catalunya. Barcelona Tech

Coordinador: Oscar Farrerons Vidal

Editors: Oscar Farrerons Vidal, Noelia Olmedo Torre, Blanca Roncero Vivero, Arantza Villa Sicilia

www.omniascience.com

DOI: https://doi.org/10.3926/ege2025

ISBN: 978-84-128130-8-1

DL: B 2843-2025

Índex

En els diferents capítols d'aquest llibre també trobareu diversos escrits dedicats al disseny, que és una part molt important en el nostre departament: un d'ells narra la relació i l'impacte del disseny amb la neurorehabilitació; un altre mostra la influència del disseny del calçat i les superfícies de carrera en la prevenció de lesions al running. També s'exposa la relació que s'estableix entre la sinestèsia i metodologies de disseny. A més a més, trobareu un escrit sobre com es pot utilitzar la psicologia transpersonal i la cosmologia indígena per a transformar l'experiència de co-disseny per ser més conscient i regenerativa. També es narra el disseny d'una resclosa amb esterilització.

Altres escrits proposen reduir la bretxa de gènere en l'enginyeria a través d'imatges generades mitjançant intel·ligència artificial. També hi ha temes de recerca habituals, com l'ús de l'aprenentatge basat en projectes, en aquest cas aplicat a la impressió 3D.

El grup CELBIOTECH del nostre departament aporta articles que analitzen la influència de la presència de fibres de fustes en papers japonesos de conservació per una banda, i per l'altra la potencialitat del residu del cànem industrial per l'obtenció de subproductes.

L'energia i el canvi climàtic són àrees de recerca en el DEGD. S'estudia la mitigació de càrregues i optimització energètica en aerogeneradors moderns, i també les noves potencialitats hidroelèctriques i fotovoltaiques dels embassaments. Trobareu un article que parla dels reptes des del punt de vista del disseny per al confort en ruta escolar de nens en el context altoandí peruà, i un altre del diagnòstic energètic d'una ciutat gallega. Es reflexiona sobre la detecció precoç dels incendis forestals i s'analitza la xarxa d'assistència del Centro Logístico Regional de Asistencia Humanitaria de Panamà.

Índex

Pròleg

El Departament d'Enginyeria Gràfica i de Disseny (DEGD) de la Universitat Politècnica de Catalunya (UPC) organitza des de fa anys una Jornada de Recerca oberta a tot el personal docent i investigador del departament. Els investigadors del DEGD treballen en diferents grups dins del mateix departament, però també col·laboren amb altres entitats de recerca, ja siguin altres departaments de la mateixa UPC o d'altres universitats.

En el present llibre podreu veure una petita mostra de la recerca que es porta a terme actualment al DEGD. Hi trobareu un article que proposa la integració dels ODS a l'aprenentatge, a partir dels 5 vectors de la sostenibilitat. També podreu llegir un text resum de la recerca dels darrers set anys que ha portat a terme el Projecte Fonts del Montseny. Altres autors mostren la recuperació del patrimoni industrial del segle XIX a Catalunya, a partir de models 3D com a eina educativa a l'ensenyament superior. Veureu també l'experiència de l'autoaprenentatge a l'Expressió Gràfica amb la creació de prototips de tecnologies actives. També hi ha un article que ens parla del modelatge dels paraboloides hiperbòlics de l'església de la Santísima Trinidad de Caracas (Veneçuela).

En els diferents capítols d'aquest llibre també trobareu diversos escrits dedicats al disseny, que és una part molt important en el nostre departament: un d'ells narra la relació i l'impacte del disseny amb la neurorehabilitació; un altre mostra la influència del disseny del calçat i les superfícies de carrera en la prevenció de lesions al running. També s'exposa la relació que s'estableix entre la sinestèsia i metodologies de disseny. A més a més, trobareu un escrit sobre com es pot utilitzar la psicologia transpersonal i la cosmologia indígena per a transformar l'experiència de co-disseny per ser més conscient i regenerativa. També es narra el disseny d'una resclosa amb esterilització.

Altres escrits proposen reduir la bretxa de gènere en l'enginyeria a través d'imatges generades mitjançant intel·ligència artificial. També hi ha temes de recerca habituals, com l'ús de l'aprenentatge basat en projectes, en aquest cas aplicat a la impressió 3D.

El grup CELBIOTECH del nostre departament aporta articles que analitzen la influència de la presència de fibres de fustes en papers japonesos de conservació per una banda, i per l'altra la potencialitat del residu del cànem industrial per l'obtenció de subproductes.

L'energia i el canvi climàtic són àrees de recerca en el DEGD. S'estudia la mitigació de càrregues i optimització energètica en aerogeneradors moderns, i també les noves potencialitats hidroelèctriques i fotovoltaiques dels embassaments. Trobareu un article que parla dels reptes des del punt de vista del disseny per al confort en ruta escolar de nens en el context altoandí peruà, i un altre del diagnòstic energètic d'una ciutat gallega. Es reflexiona sobre la detecció precoç dels incendis forestals i s'analitza la xarxa d'assistència del Centro Logístico Regional de Asistencia Humanitaria de Panamà.

En els sis anys anteriors a l'actual, a les Jornades de Recerca del nostre departament s'han presentat 97 ponències de temes molt variats, amb diferents línies de treball i recerca. Aquestes ponències s'han anat publicat any rere any, i ja portem sis llibres publicats, amb un total de 1471 pàgines. 127 autors han participat durant aquests sis anys, la majoria del DEGD, però també força en col.laboració amb d'altres institucions de recerca, amb doctorands i amb enginyers que treballen a gran empreses, però que han sortit de les nostres aules universitàries. La recerca ha aconseguit la millora de la docència que es porta a terme, però també la creació de nou coneixement. Esperem que amb aquest altre llibre que presentem avui continuem fomentant la recerca durant aquest any 2025 i molts més.

Gener 2025

Oscar Farrerons Vidal
Coordinador VII Jornada de Recerca d'Enginyeria Gràfica i de Disseny

Noelia Olmedo Torre
Directora Departament d'Enginyeria Gràfica i de Disseny

Blanca Roncero Vivero
Sotsdirectora Departament d'Enginyeria Gràfica i de Disseny

Arantza Villa Sicilia
Secretària Departament d'Enginyeria Gràfica i de Disseny

Integració dels ODS 2030 al CFGS projectes d'edificació: un enfocament des dels 5 vectors de sostenibilitat

Ander Aginako Arri

Màster en Formació del Professorat d'Educació Secundària Obligatòria i Batxillerat, Formació Professional i Ensenyament d'Idiomes. UPC.

Oscar Farrerons Vidal

Escola d'Enginyeria de Barcelona Est

Departament d'Enginyeria Gràfica i de Disseny

Resum

A partir d'una anàlisi del paradigma del Desenvolupament Sostenible i dels ODS 2030 a nivell global, es proposa la integració dels ODS al currículum previ del CFGS Projectes d'Edificació a l'àmbit legislatiu de l'educació a Catalunya. Primer, es fa una anàlisi de la relació entre els diferents ODS i els objectius pedagògics del Cicle, per tal de fer una proposta de Currículum que hi inclogui els ODS. Després, es fa una proposta de programació i continguts per al nou Mòdul de Sostenibilitat en base als objectius pedagògics que dicta el Real Decreto 659/2023. Per aquest mòdul es proposa un contingut holístic i específic al Cicle, amb continguts disciplinars i profesionalitzadors. Es proposa la formació disciplinar dels alumnes en els 5 Vectors Ambientals, en les 5 Estratègies i en els Indicadors Ambientals. La metodologia pedagògica del Mòdul es basa en una progressió des de las classes inicials més teòriques cap a metodologies que afavoreixin l'Aprenentatge Significatiu, des de l'evocació fins les metodologies ABP. Per últim, es proposa una Activitat Final d'Ensenyament i Aprenentatge Basada en Projectes on els alumnes han de desenvolupar un Projecte d'Edificació i un Producte o Servei, que a més han d'esser capaços d'avaluar utilitzant els Indicadors Ambientals.

Paraules Clau: Desenvolupament sostenible, Formació Professional, Vectors ambientals, Estratègies Ambientals, Ecodisseny.

Abstract

Based on an analysis of the Sustainable Development Paradigm and the SDGs 2030, an integration of the SDGs is proposed for the curriculum of the Building Projects Professional Accreditation in the legislative field of education in Catalonia. Firstly, an analysis is made of the relationship between the different SDGs and its pedagogical objectives, proposing a Curriculum that includes the SDGs. Then, a programming and content proposal is designed for the new Sustainability Training Module based on the pedagogical objectives dictated by Real Decreto 659/2023. A holistic and specific content is proposed, with disciplinary and professionalizing content, based on the experience and knowledge acquired in the professional practice of building designers in recent years. The contents are based in the 5 Key Environmental Vectors, as well as in the 5 Environmental Strategies and in the Environmental Indicators; The pedagogical methodology of the Module is based on a progression from the most theoretical initial classes, towards methodologies that enhance meaningful learning, from evocation to PBL methodologies. Finally, a Final Project-Based Teaching and Learning Activity is proposed in which students must develop a Building Project and a Product or Service, which students must also be able to evaluate using the Environmental Indicators.

Keywords: Sustainable development, Vocational Training, Environmental vectors, Environmental Strategies, Eco-design

----

1. Introducció

Els problemes globals que l'ODS exposa ja són una realitat, i és a les mans dels nostres futurs professionals començar a pensar el món d'una manera que permeti orientar-nos cap a aquest futur compartit tan desitjat.

En aquest cas, ens hem enfocat en el CFGS de Projectes d'Edificació, i en l'objectiu de Mitigació del Canvi Climàtic, amb la fi d'introduir aquests objectius al Cicle, estudiant la problemàtica de fer-ho d'una forma sistemàtica sobre el currículum actual.

2. Els ODS 2030 i el paradigma de la sostenibilitat

El concepte 'Desenvolupament Sostenible' va ésser formulat per primera vegada al Informe Brundtland (1), elaborat per diferents

nacions el 1987 per a l'ONU, per una comissió encapçalada per la doctora Gro Harlem Brundtland.

Basat en evidència científica, el informe va identificar els problemes ambientals globals, com ara el canvi climàtic, la pèrdua de biodiversitat i la degradació dels recursos naturals, i va destacar el seu impacte en el desenvolupament humà. Va proposar el concepte de Desenvolupament Sostenible, que cerca abordar aquestes preocupacions mitjançant polítiques i accions que equilibrin el creixement econòmic, l'equitat social i la preservació ambiental. Així, l'anàlisi científica va informar els preceptes polítics, guiant cap a un paradigma de sostenibilitat que reconeix la interdependència entre el benestar humà i l'estat del medi ambient, la base del qual és la solidaritat.

El principal objectiu del Desenvolupament Sostenible és la millora de la qualitat de vida dels ciutadans i ciutadanes de manera que s'hi integri:

1. La supervivència i el respecte per l'entorn (Sostenibilitat Ambiental).
2. La necessitat d'equitat o justícia social (Sostenibilitat Social).
3. L'equilibri econòmic (Sostenibilitat Econòmica).

Al Desenvolupament Sostenible, per tant, els aspectes social, econòmic i mediambiental estan interrelacionats de manera intrínseca. El desenvolupament social implica assegurar l'equitat, la justícia i el benestar de les comunitats, mentre que el desenvolupament econòmic cerca els mecanismes econòmics sostenibles per la prosperitat de les societats. Ambdós aspectes han d'estar en harmonia amb el medi ambient, tot garantint la conservació dels recursos naturals i la preservació de l'ecosistema per a les generacions presents i futures. Aquesta integració és fonamental perquè el desenvolupament sostenible sigui equitatiu, viable i respectuós amb l'entorn.

Entre l'Informe Brundtland (1987) i la redacció dels Objectius de Desenvolupament Sostenible per a l'any 2030 (ODS 2030), hi va haver

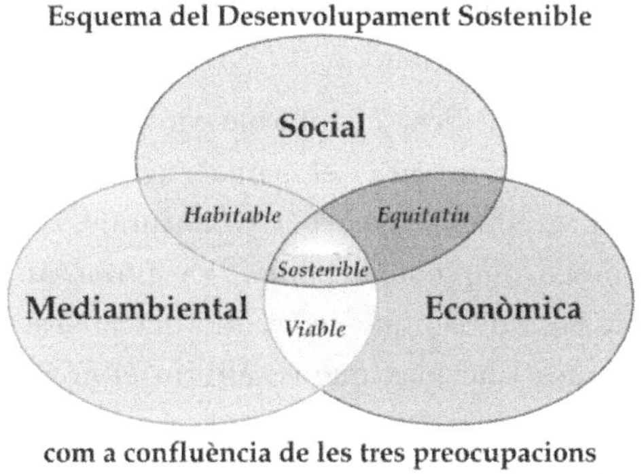

Figura 1. Diagrama de Vent sobre el desenvolupament sostenible. (Ximo Bernà).

un període de més de dues dècades d'evolució en la comprensió i la promoció d'aquest paradigma: Cimera de la Terra de 1992 a Rio de Janeiro, on es va adoptar l'Agenda 21; els Objectius de Desenvolupament del Mil·lenni (ODM), i, per últim, els Objectius de Desenvolupament Sostenible (ODS 2030).

Els ODS comprenen 17 objectius interrelacionats que aborden una àmplia gamma de desafiaments globals, inclosa la pobresa, la desigualtat, el canvi climàtic, la protecció del medi ambient i el desenvolupament econòmic. (2)

Aquests objectius es comprometen a ser assolits per a l'any 2030 i representen un marc integral per guiar els esforços mundials cap a un futur més sostenible.

Els ODS 2030 es desenvolupen als diferents organismes internacionals, i busquen influir en les diferents legislacions. En el cas de l'àmbit educatiu espanyol, un dels seus vessants és la nova Llei estatal de Formació Professional (3).

La llei es va desplegar mitjançant el Real Decreto 659/2023 (4), que estableix un nou Mòdul transversal denominat genèricament

'Sostenibilitat Aplicada al Sistema Productiu', de 30 hores lectives, i els seus Resultats d'Aprenentatge esperats.

La proposta del Decreto és molt genèrica i no té en compte el currículum del Cicle d'Edificació – es tracta d'un Mòdul transversal a tots els Cicles Formatius - , per la qual cosa es considera adient fer una lectura més atenta a la relació entre el currículum del Cicle de Projectes d'edificació i els ODS.

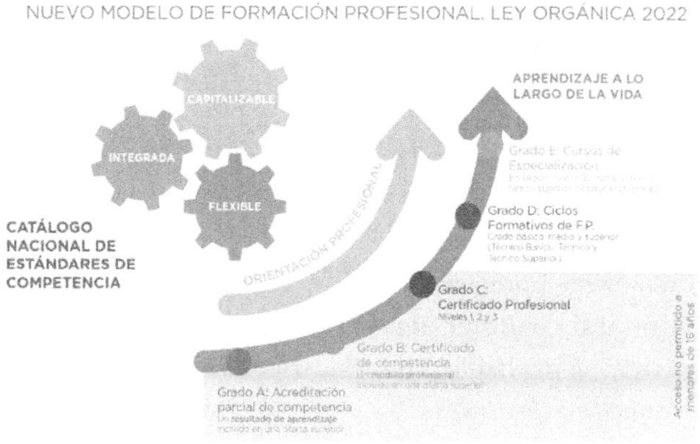

Figura 2. Llei Orgànica 3/2022 (Ministeri d'Educació i FP).

3. Ecodisseny: Vectors ambientals i estratègies ambientals

Quan parlem del sector de l'Edificació, és necessari conèixer en profunditat quines són els factors i les eines o estratègies que envolten una millor gestió i disseny dels Projectes i Obres. Bassat en la feina feta per molts professionals en l'àmbit de l'Ecodisseny, hi ha dos aprenentatges fonamentals que no només són eines de disseny: hi comporten una disciplina.

El primer d'aquest aprenentatges és el reconeixement dels 5 aspectes o 'vectors' ambientals claus en què l'edificació té un impacte directe. Aquests 5 aspectes o 'vectors' ambientals són: l'Aigua, l'Energia, els

Materials, els Residus, i la Qualitat de l'Aire i la Biodiversitat (5): el professional de l'Edificació ha de tenir una consciència clara d'aquests aspectes i, a més, ha d'esser capaç d'avaluar el impacte ambiental de les seves pròpies decisions.

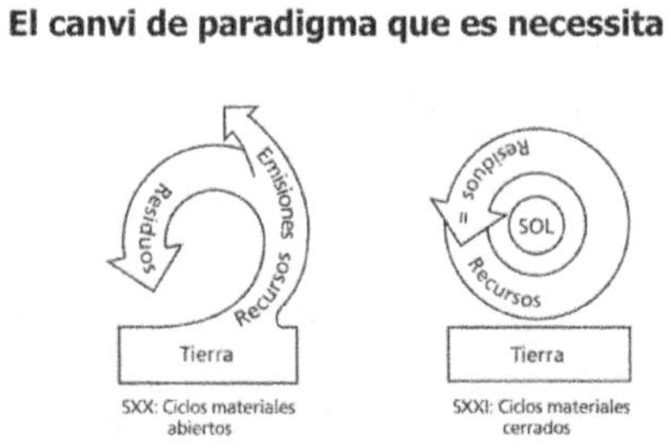

Figura 3. Cicles materials oberts vs. Cicles tancats (Oficina Verda, COAC 2008).

El segon d'aquests aprenentatges té a veure amb les 5 estratègies que farà servir per tal de reduir aquests impactes ambientals (6). Fins i tot més important, és treballar de forma rigorosa l'ordre en què s'han de prioritzar aquestes estratègies.

1.Energia: Es busca reduir el consum d'energia durant totes les etapes del cicle de vida del producte, des de l'extracció de primeres matèries fins a la fabricació, distribució, ús i disposició final. Això es pot aconseguir mitjançant l'adopció de tecnologies i processos més eficients, l'optimització de la logística i el transport i la incorporació de fonts d'energia renovable a la producció i operacions.

2.Aigua: Es tracta de minimitzar l'ús d'aigua en els processos de producció i neteja de productes, així com reduir la contaminació de l'aigua mitjançant la gestió adequada de productes químics i residus. A més, es pot considerar l'ús de tecnologies de reciclatge d'aigua i el disseny de productes que requereixin menys aigua per a la fabricació i l'ús.

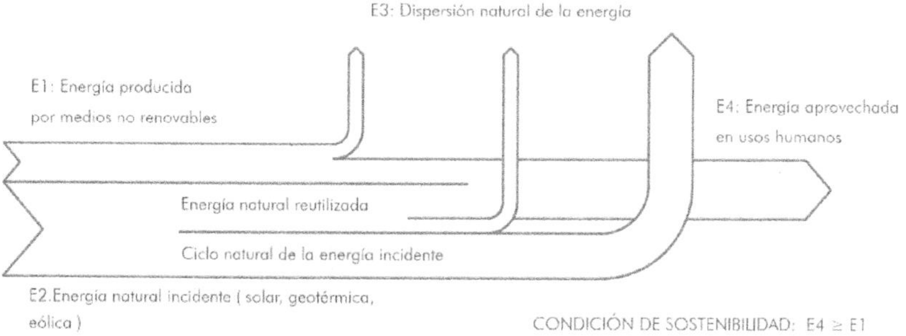

Figura 4. Proposta de model energètic per una població. (Elaboració Pròpia. Abar arquitectes 2009).

3.Materials: L'Ecodisseny se centra en la selecció de materials sostenibles i en la reducció de l'ús de recursos naturals no renovables. Es cerca utilitzar materials de proximitat, reciclats, reciclables. així com minimitzar l'ús de materials tòxics o nocius per a la salut i el medi ambient. També es considera la durabilitat i la facilitat de reciclatge dels materials en el disseny de productes. I, sobre tot, la utilització de recursos renovables, procedents d'explotacions sostenibles.

4.Residus: Es busca reduir la generació de residus durant la fabricació i l'ús del producte, així com facilitar-ne el reciclatge o la reutilització al final de la seva vida útil. Això implica dissenyar productes amb menys empaquetatges i empaquetatges biodegradables, fomentar la reutilització de components i materials, i promoure sistemes de gestió de residus més eficients.

5.Qualitat de l'aire: Tot i que tradicionalment no s'associa directament a l'ecodisseny, la qualitat de l'aire també és un factor important a considerar. En reduir les emissions de gasos amb efecte d'hivernacle i contaminants atmosfèrics durant la producció i, sobretot, en el transport de productes, l'ecodisseny contribueix

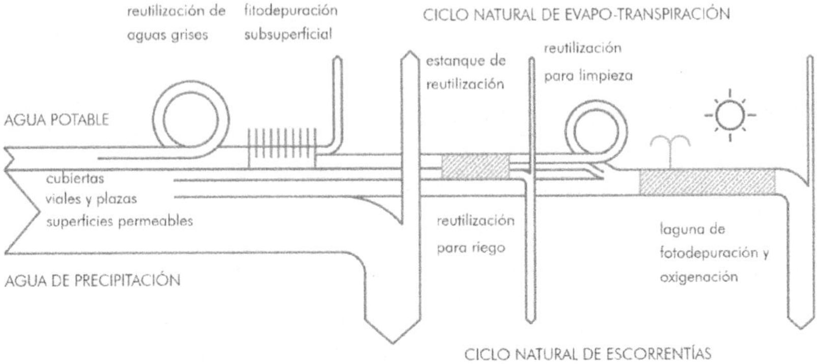

Figura 5. Proposta de disseny del cicle del Aigua per a una població. (Elaboració Pròpia. Abar arquitectes 2009).

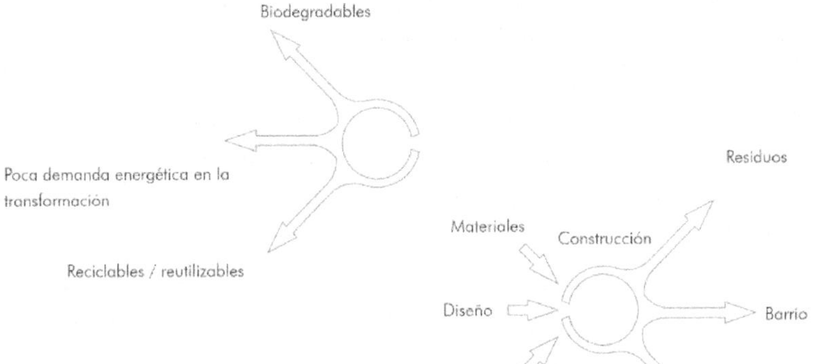

Figura 6. Proposta de gestió de materials i residus per a una població. (Elaboració Pròpia. Abar arquitectes 2009).

indirectament a millorar la qualitat de l'aire i a mitigar el canvi climàtic.

A l'àmbit de l'edificació, la metodologia de l'Ecodisseny ens permet prendre decisions informades sobre tots els àmbits, des de la ubicació i l'orientació, els materials i els Sistemes Passius i Actius d'acondicionament. (5)(7)

D'altra banda, les 5 Estratègies Ambientals per a la sostenibilitat dels recursos es presenten en un ordre que reflecteix una progressió lògica i estratègica per abordar els desafiaments ambientals de manera efectiva i sostenible. (6)

1.Reducció de la Demanda: implica adoptar pràctiques de consum conscient, minimitzant la quantitat de recursos utilitzats en la producció i el consum de béns i serveis. En reduir la demanda des del principi, es disminueix la pressió sobre els recursos naturals i evita l'excés d'extracció i explotació.

2.Eficiència en el consum: Un cop s'ha reduït la demanda, l'estratègia següent és maximitzar l'eficiència en l'ús dels recursos. Això implica utilitzar recursos de manera més intel·ligent i optimitzada, mitjançant l'ús de tecnologies més eficients, pràctiques de gestió eficient i la reducció de pèrdues i deixalles durant la producció i el consum. L'eficiència en el consum permet obtenir més valor amb menys recursos, fet que contribueix a la sostenibilitat a llarg termini.

3.Aprofitament dels recursos locals: La tercera estratègia se centra a aprofitar els recursos locals disponibles en lloc de dependre de recursos importats o explotats de manera no sostenible. Això inclou l'ús de materials i recursos renovables i locals en la construcció i la producció, així com la promoció de pràctiques agrícoles i de producció que s'adaptin a l'entorn local. En aprofitar els recursos locals de manera sostenible, es redueix la dependència de recursos externs i s'enforteix la resiliència de les comunitats.

4.Reciclatge: Quan els recursos han estat utilitzats, la quarta estratègia és recuperar i reciclar els materials i productes al final de la seva 'vida útil'. El reciclatge permet tancar el cicle dels materials, reduir la necessitat de treure nous recursos i minimitzar la generació de residus.

5.Rescat de l'impacte generat: L'última estratègia implica compensar el impacte ambiental generat durant la producció i el consum de recursos. Això pot incloure la implementació de pràctiques de restauració ambiental, la compensació d'emissions de carboni mitjançant projectes de reforestació o energies renovables, etc. El rescat del impacte generat garanteix que les activitats humanes siguin més equitatives i sostenibles per a les generacions futures i per al planeta en el seu conjunt.

L'ordre en l'ús d'aquestes estratègies és clau perquè reflecteix una seqüència lògica i progressiva d'accions que aborden els desafiaments ambientals de manera efectiva, començant per la reducció de la demanda i avançant cap a la recuperació i la compensació del impacte ambiental generat, que és inherent a qualsevol activitat productiva: no hi ha activitat humana que no suposi un impacte.

Un exemple de no respectar l'ordre de les estratègies seria una empresa que decideix reemplaçar tots els llums convencionals de la seva oficina per llums LED més eficients. En comptes d'aprofitar aquesta millora en eficiència per reduir el consum total d'energia, l'empresa opta per augmentar el nombre d'hores en què els llums estan encesos o fins i tot instal·lar més llums a altres àrees de l'oficina. En aquest cas, la inversió en tecnologia més eficient no condueix a una reducció efectiva del consum d'energia. És l'anomenat 'efecte rebot' de la tecnologia i el consum. (7)

4. Proposta de treball

Els principis metodològics d'aquesta proposta es fonamenten en tres assumpcions relacionades amb el caràcter holístic i transversal del paradigma del Desenvolupament Sostenible:

En primer lloc, la implantació en el currículum d'aquest paradigma hauria d'implantar-se de forma generalitzada als objectius pedagògics generals del Cicle, i en tots aquells Mòduls Professionals que n'estiguin relacionats, amb especial atenció amb els ODS que estan relacionats amb el sector de l'Edificació i que afecten al Medi Ambient, i al desenvolupament Social i Econòmic sostenibles.

D'altra banda, aquesta implantació ha de donar lloc a estratègies professionals i influir en la forma de treballar dels alumnes, donant-los eines específiques per al seu futur desenvolupament professional. En aquest sentit, el Mòdul Transversal de Sostenibilitat hauria de, a més de conscienciar i donar continguts específics, contribuir a que els alumnes implementin aquestes estratègies en altres mòduls formatius, especialment als que impliquin la realització de projectes d'Edificació.

En conseqüència, la metodologia que es proposa és la següent:

1. Anàlisi del Currículum del Cicle Formatiu i de la seva relació amb els ODS, i incorporació dels ODS al currículum anterior del Cicle Formatiu, de forma integradora, relacionant-los amb els continguts ja existents al Cicle.

2. Proposta dels continguts i metodologies del Mòdul transversal de Sostenibilitat, a partir dels Resultats d'Aprenentatge d'aquest Mòdul definits en el nou Real Decreto 659/2023, incorporant-hi la disciplina del Ecodisseny tal com es ve aplicant als darrers any pels professionals de l'Edificació i de l'Urbanisme.

4.1. Proposta currículum general del CFGS de projectes d'edificació incorporant anàlisi ODS

En base a una anàlisi de la relació de cada objectiu professional, competències personals i socials, i capacitats clau d'aprenentatge del Cicle amb els ODS 2030, a continuació es fa una Proposta de currículum General del Cicle (Objectiu general i competències) del CFGS de Projectes d'Edificació. no es tractaria tant d'afegir com de matisar els objectius, orientant-los cap al paradigma Sostenible.

Competència General

Elaborar la documentació tècnica de projectes d'edificació, realitzar replanteigs d'obra i gestionar el control documental per a la seva execució, respectant la normativa vigent i les condicions establertes de qualitat, seguretat i medi ambient, adoptant-hi pràctiques basades en la gestió eficient dels recursos naturals, i projectant infraestructures resilients, inclusives i accessibles. (ODS 7, 9, 10, 11, 12)

Objectius:

Competències professionals

a) Obtenir, analitzar la informació tècnica i proposar les diferents solucions realitzant la presa de dades, interpretant la informació rellevant i elaborant croquis per col•laborar en el desenvolupament de projectes d'edificació, per tal de prendre decisions informades basades en dades que millorin l'eficiència de les edificacions (ODS 9)

(...)

g) Reproduir i organitzar la documentació gràfica i escrita de projectes i obres d'edificació aplicant criteris de qualitat establerts per gestionar la documentació de projectes i obres, amb la fi de desenvolupar projectes d'edificació que contribueixin a ciutats més inclusives, segures i sostenibles. (ODS11)

h) Identificar, avaluar i homogeneïtzar la documentació destinada i rebuda de subministradors, contractistes o sotacontractistes analitzant la informació requerida o subministrada per sol•licitar i comparar ofertes, promovent l'avaluació i la selecció responsable de materials i serveis per a projectes d'edificació, contribuint a pràctiques de consum sostenible (ODS12), i fomentant l'eficiència a la cadena de subministrament i la innovació en la gestió de recursos (ODS 9)

(...)

j) Planificar i controlar les diferents fases d'un projecte o obra d'edificació, realitzant càlculs bàsics de rendiment per elaborar plans i programes de control en les fases de redacció del projecte, de contractació i d'execució d'obra, fomentant pràctiques innovadores i sostenibles.(ODS9)

(....)

m) Comprovar les característiques de l'edifici projectat i/o executat, aplicant procediments de càlcul establerts i normativa per col•laborar en la qualificació energètica, amb la fi de millorar l'eficiència energètica dels edificis i contribuir a la mitigació del canvi climàtic. (ODS 7)

n) Analitzar i desenvolupar la informació sobre seguretat i salut, aplicant procediments establerts i normativa per elaborar plans de seguretat i salut i de gestió de residus i demolicions, per tal de garantir condicions de treball segures i saludables al sector de la construcció (ODS3)

(....)

Competències personals

q) Analitzar i utilitzar els recursos i oportunitats d'aprenentatge relacionades amb l'evolució científica, tecnològica i organitzativa del sector i les tecnologies de la informació i la comunicació, per mantenir l'esperit d'actualització i adaptar-se a noves situacions laborals i personals, mitjançant l'actualització contínua per tal d'adaptar-se a les innovacions tecnològiques al sector de la construcció. (ODS 4,9)

r) Desenvolupar la creativitat i l'esperit d'innovació per respondre als reptes que es presenten en els processos i organització de treball i de la vida personal, contribuint al desenvolupament de comunitats més resilients i habitables. (ODS 11)

s) Prendre decisions de forma fonamentada analitzant les variables implicades, integrant sabers de diferent àmbit i acceptant els riscos i la possibilitat d'equivocació en les mateixes, per afrontar i resoldre diferents situacions, problemes o contingències, tot i adoptant decisions ètiques i responsables a nivell laboral i personal, promovent la transparència, la rendició de comptes i la defensa de l'Estat de dret. (ODS 16)

Competències socials:

v) Avaluar situacions de prevenció de riscos laborals i de protecció ambiental, proposant i aplicant mesures de prevenció personals i col·lectives, d'acord a la normativa aplicable en els processos del treball, per garantir entorns segurs i respectuosos amb el medi ambient. (ODS 3, 12)

w) Identificar i proposar les accions professionals necessàries per donar resposta a l'accessibilitat universal i al disseny per a tots, promovent la sostenibilitat social i el benestar comunitari. (ODS 10, 11)

x) Identificar i aplicar paràmetres de qualitat en els treballs i activitats realitzats en el procés d'aprenentatge per valorar la cultura de l'avaluació i de la qualitat i ser capaços de supervisar i millorar procediments de gestió de qualitat, per tal de promoure l'avaluació i la millora dels processos d'aprenentatge. (ODS 4)

y) Utilitzar procediments relacionats amb la cultura emprenedora, empresarial i d'iniciativa professional, per realitzar la gestió bàsica d'una petita empresa o emprendre un treball, dins del paradigma del desenvolupament econòmic sostenible, que promou l'esperit empresarial i la creació d'ocupació. (ODS 8, 9)

z) Reconèixer els seus drets i deures com a agent actiu en la societat, tenint en compte el marc legal que regula les condicions socials i laborals per a participar com a ciutadà democràtic, en base als valors

de la igualtat d'oportunitats i el respecte als drets humans fonamentals. *(ODS 8, 16)*

4.2. Programació del mòdul de sostenibilitat adaptat al CFGS projectes d'edificació

A continuació es fa una proposta de Programació, Continguts i Metodologies per al nou Mòdul de Sostenibilitat que incorpora, a més del canvis curriculars proposats a l'apartat anterior, els continguts disciplinars dels 5 Vectors Ambientals i les 5 Estratègies Ambientals.

Aquesta programació conté una part teòrica inicial i un desenvolupament pràctic dels conceptes i eines d'edificació sostenible: es tracta d'un mòdul profesionalitzador, on es treballin específicament les competències en Ecodisseny en el Sector de l'edificació que després es poden aplicar a altres mòduls del cicle, especialment als de Projectes.

Els continguts i programació es fan en base als principis de l'Aprenentatge Significatiu (9):

- Mobilització dels coneixements previs dels alumnes i de la memorització comprensiva i possibilitar que les alumnes treballin per si soles i en col·laboració.
- Afavorir la memorització dels continguts provocant l'exercici de l'evocació, amb proves i exàmens distribuïdes en temps llargs.
- Proporcionar situacions en què les alumnes i els alumnes han d'actualitzar-ne coneixements.
- Promoure la participació a l'aula com a motor de l'aprenentatge. Creant un ambient de confiança, que afavoreixi la participació activa, la valoració del treball personal i dels altres, d'ajuda i de cooperació.
- Promoure l'aprenentatge cooperatiu mitjançant activitats, dinàmiques i feines en grups.

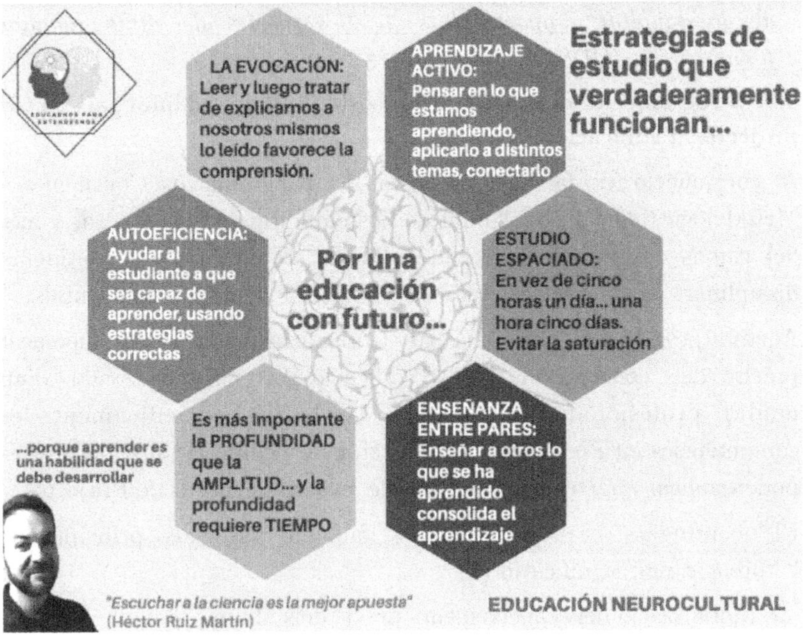

Figura 7. Estratègies d'Aprenentatge que veritablement funcionen. (Enrique Casillas. A partir del Llibre '¿Cómo Aprendemos?' d'Héctor Ruiz, 2020).

Se seguiran al llarg del curs diferents estratègies per a la consecució dels objectius:

- Estratègies de tipus expositiu
- Proves orals i escrites
- Ludificació
- Aprenentatge Basat en Projectes (ABP).

Els continguts del Mòdul inclouran els objectius didàctics anteriors, adaptats al Cicle i a l'envoltant dels següents temes clau:

a) El paradigma de la Sostenibilitat i els ODS 2030: les vessants econòmica, social i ambiental.

b) Els 5 vectors ambientals: Energia, Aigua, Residus, Materials, Aire i biodiversitat.

c) Els indicadors ambientals: càlcul de la petjada ecològica i de carboni.

d) Les 5 Estratègies ambientals: 1. Reducció de la Demanda, 2. Eficiència en el Consum, 3. Aprofitament dels recursos locals; 4. Reciclatge; 5. Devolució del Impacte Generat.

e) Ecodisseny al Projecte d'edificació: mesures passives i mesures actives. Mesurament dels Impactes.

f) Ecodisseny de producte per edificació: Cicle de Vida i petjada de carboni.

El Mòdul es desenvoluparà en una única UF, que es dividirà en 3 nuclis formatius:

NF1: Els vectors Ambientals. (6 h)

NF2: Les estratègies ambientals. (10 h)

NF3: Ecodisseny. (14 h)

4.3. Disseny d'una activitat d'ensenyament-aprenentatge

L'activitat d'Ensenyament i Aprenentatge proposada com final del Mòdul de Sostenibilitat es basa en la metodologia d'Aprenentatge Basat en Projectes (ABP). Trobem que aquesta metodologia és un bon complement a l'aprenentatge disciplinar per dues raons: la primera, és que afavoreix la consecució dels objectius de treball en equip i Innovació, fent que siguin els alumnes els que aprenguin uns dels altres; la segona, creiem que l'ABP és una bona manera de fer que l'aprenentatge esdevingui significatiu, és a dir, relacionat amb l'experiència i amb els coneixements previs.

Activitat d'Ensenyament-Aprenentatge Basada en Projectes

Mòdul Formatiu: Sostenibilitat del CFGS de Projectes d'Edificació

Nucli formatiu 3: Ecodisseny

ENUNCIAT: Realitzar un Avantprojecte d'Edificació d'una escola de Formació Professional, aplicant la metodologia dels 5 Vectors Ambientals i les 5 Estratègies Ambientals. Dins del projecte, dissenyar un Producte o Servei sostenible desenvolupable per una empresa del Sector de l'Edificació.

El treball inclourà l'avaluació ambiental de les millores respecte a un edifici normatiu mitjançant un quadre d'implementació i avaluació del impacte generat.

L'activitat es realitzarà en grups de 2-3 alumnes durant 14 setmanes a classes d'una hora de durada.

Objectius:

a) Aplicar la metodologia dels 5 Vectors Ambientals (Energia, Aigua, Residus, Materials, Qualitat de l'Aire i biodiversitat) i les 5 Estratègies Ambientals (1. Reducció de la demanda, 2. Eficiència en el Consum, 3. Aprofitament dels Recursos Locals, 4. Reciclatge, i 5. Devolució de l'Impacte Generat) en el disseny d'un avantprojecte d'edificació.

b) Avaluar , mitjançant la metodologia dels Indicadors Ambientals, les millores ambientals respecte a un edifici que compleix amb la normativa vigent.

c) Desenvolupar un producte o servei sostenible a desenvolupar per una empresa del sector de l'edificació.

d) Fomentar el treball en equip i la innovació.

5. Conclusions

El paradigma del Desenvolupament Sostenible està lluny d'estar tancat, com tampoc l'ha estat mai el del capitalisme extractivista: està en continua evolució des de que va ésser formulat, i afecta a gairebé tots els camps de coneixement. Pensem que la nostra contribució com docents en el context d'una Formació Professional, consisteix a afiançar els conceptes clau en el camp d'activitat dels futurs

professionals, no tant de fer una dissertació sobre tots els continguts dels ODS, que té més a veure amb les persones que treballen a l'àmbit de la investigació i de la governança.

És desitjable i previsible, que als anys següents es facin moltes propostes tan pels Currículums, com pels mòduls formatius i activitats d'ensenyament. És per això que caldria aplicar els conceptes i estratègies de Sostenibilitat -ja coneguts i aplicats a l'àmbit professional- al disseny curricular d'un Cicle Formatiu, d'un Mòdul Formatiu, i d'una Activitat d'Ensenyament i Aprenentatge. La proposta pretén ser, d'una banda, holística i específica, és a dir, bé fonamentada i extensiva a la totalitat de les matèries del cicle; de l'altra, pràctica i profesionalitzadora.

Per últim, no podem ésser tan ingenus d'ignorar que, malgrat que el concepte Desenvolupament Sostenible es basa en corregir unes tendències globals molt perilloses a nivell planetari (amb efectes locals diferenciats però, a dia d'avui, perceptibles) que compten amb evidència científica provada i consensuada per la comunitat científica, el paradigma del Desenvolupament Sostenible té una vessant fortament política, i, per tant, la seva consecució depèn de l'acció dels poders polítics, la societat civil i dels actors socioeconòmics, considerant que no sempre hi haurà consens i que, en un context de Globalització econòmica, de fet, hi ha i haurà sempre interessos oposats, que es reflecteixen en una mancança generalitzada d'informació sobre els impactes socials i ambientals de les activitats econòmiques i les decisions polítiques, per no mencionar la contrainformació (fake news) i els negacionismes. Tal com afirma Gregori Luri (10), no hi ha pensament crític sense coneixement. L'educació esdevé, per tant, en el vehicle més important si volem dirigir-nos a aquest paradigma.

Referències

1. World Commission on Environment and Development. (1987). *Our Common Future.* https://sustainabledevelopment.un.org/content/documents/5987our-common-future.pdf

2. Naciones Unidas. (n.d.). *Objetivos de Desarrollo Sostenible.* Naciones Unidas. https://www.un.org/sustainabledevelopment/es/

3. Ley Orgánica 5/2020, de 29 de abril, por la que se regula la ordenación y la integración de la formación profesional en el sistema educativo (BOE-A-2020-4888). https://www.boe.es/eli/es/lo/2020/04/29/5

4. Real Decreto 659/2023, de 18 de julio, por el que se desarrolla la ordenación del Sistema de Formación Profesional. https://www.boe.es/eli/es/rd/2023/07/18/659

5. Col·legi d'Aparelladors i Arquitectes Tècnics de Barcelona. (2005). *Pràctiques de sostenibilitat en Edificació.* ISBN: 84-7853-495-4. https://www.gencat.cat/mediamb/publicacions/monografies/practiques_sostenibilitat_edificacio.pdf

6. Oficina Verda. (2008). *Curs 'Paràmetres ambientals en edificació'*. COAC. http://www.coac.net/Barcelona/oficinaverda/presentacio/estrategies.pdf

7. Rieradevall, J., & Vinyets, J. (1999). *Ecodisseny i ecoproductes.* Rubes Editorial. Departament de Medi Ambient. Generalitat de Catalunya.

8. Decret 169/2013, de 28 de maig, pel qual s'estableix el currículum del cicle formatiu de grau superior de projectes d'edificació.

9. Ruiz Martín, H. (2020). *¿Cómo aprendemos?: una aproximación científica al aprendizaje y la enseñanza* (1a ed.). Barcelona: Editorial Graó.

10. Luri, G. (2020). *La escuela no es un parque de atracciones: una defensa del conocimiento poderoso* (Primera edición). Ariel.

11. Aginako, A.; Farrerons, O. (director). (2024). *Integració dels Objectius de Desenvolupament Sostenible (ODS) 2030 i mitigació del canvi climàtic al CFGS projectes d'edificació: un enfocament des dels 5 vectors de sostenibilitat.* https://apren.upc.edu/ca/professorat/1003365

Recuperació del patrimoni material del segle XIX als Països Catalans. Creació de models 3D per patrimoni cultural digital i eina educativa a l'ensenyament superior

Martí Beltran Gonzalez, Oscar Farrerons Vidal

Escola d'Enginyeria de Barcelona Est

Departament d'Enginyeria Gràfica i de Disseny

Resum

Durant el segle XIX, els Països Catalans en general, i Catalunya en particular, es van convertir en un dels principals centres artesanals i industrials de l'Estat, destacant per la diversitat dels seus sectors productius. Àmbits com el tèxtil, la metal·lúrgia, la química o el vidre van experimentar un notable desenvolupament i es van situar a l'avantguarda de la innovació industrial. Aquest llegat constitueix una part essencial de la història i identitat catalana, que cal preservar i posar en valor a través de les eines digitals modernes i estratègies educatives interdisciplinàries. El projecte planteja introduir dins de la temàtica dels treballs de final de grau i de màster (TFG i TFM) la preservació del patrimoni material mitjançant la creació de models 3D detallats. Aquests models no només serveixen per documentar i comprendre estructures i processos històrics, sinó que també es converteixen en una eina educativa. Els materials produïts en aquest procés seran utilitzats al projecte final de l'assignatura de primer curs de grau Expressió Gràfica, que s'imparteix a l'Escola d'Enginyeria de Barcelona Est (EEBE) de la Universitat Politècnica de Catalunya (UPC). Aquest vincle entre recerca i pràctica acadèmica permetrà aprofitar els resultats del projecte per potenciar l'aprenentatge amb una activitat d'alt impacte (HIP) que motivarà els estudiants a connectar coneixements teòrics amb aplicacions pràctiques. Els objectius d'aquest projecte són preservar el patrimoni material dels Països Catalans a través de les eines de modelització en 3D i utilitzar-ho com a eina educativa pels alumnes. Actualment, ja s'han completat dos projectes de final de grau (TFG) -un centrat en la reconstrucció digital d'un fanal dissenyat per Antoni Gaudí i un altre d'un llaüt mallorquí- i està en curs un altre centrat en la recuperació dels processos i estructures d'una fàbrica de vidre de finals del segle XIX a Badalona.

Abstract

During the 19th century, the Catalan Countries in general, and Catalonia in particular, became one of the main artisanal and industrial centers of the State, standing out for the diversity of its productive sectors. Areas such as textiles, metallurgy, chemistry or glass experienced notable development and were at the forefront of industrial innovation. This legacy constitutes an essential part of Catalan history and identity, which must be preserved and valued through modern digital tools and interdisciplinary educational strategies. The project proposes to introduce the preservation of material heritage into the subject of final degree and master's theses (TFG and TFM). These models not only serve to document and understand historical structures and processes, but also become an educational tool. The materials produced in this process will be used in the final project of the first-year undergraduate course Graphic Expression, which is taught at the Barcelona Est School of Engineering (EEBE) of the Polytechnic University of Catalonia (UPC). This link between research and academic practice will allow the results of the project to be used to enhance learning with a high-impact activity (HIP) that will motivate students to connect theoretical knowledge with practical applications. The objectives of this project are to preserve the material heritage of the Catalan Countries through 3D modelling tools and use it as an educational tool for students. Currently, two final degree projects (TFG) have been completed - one focused on the digital reconstruction of a lamppost designed by Antoni Gaudí and another of a Mallorcan lute - and another is underway focused on the recovery of the processes and structures of a late 19th-century glass factory in Badalona.

----

1. Introducció

A mitjans del segle XIX, Catalunya es va consolidar com un dels principals centres industrials de l'Estat, destacant per la diversitat dels seus sectors productius i la combinació de tradició artesanal i innovació industrial. La indústria tèxtil, especialment la del cotó, va jugar un paper fonamental, amb fàbriques que produïen teixits i estampats coneguts com a indianes. Aquestes es concentraven inicialment a zones urbanes, com el barri de Sant Pere a Barcelona, però aviat es van expandir cap a les hortes del Raval i altres regions industrials del país, com Sabadell i Terrassa, que es van convertir en referents del tèxtil llaner (Sánchez, 2013).

A més del sector tèxtil, Catalunya va experimentar un desenvolupament significatiu en altres indústries. La metal·lúrgia va emergir amb força, iniciant-se amb tallers mecànics i consolidant-se amb empreses com La Maquinista Terrestre i Marítima, dedicada a la fabricació de maquinària pesada (Pérez i Núñez, 2004). Paral·lelament, la indústria química va prosperar, produint colorants (Duran i Pineda, 2004), àcids i fertilitzants que van ser essencials per a l'agricultura i altres sectors industrials. També va destacar la producció de vidre, amb fàbriques ubicades a poblacions com Badalona, que elaboraven tant productes domèstics com industrials (Rosés et al., 2007).

Un aspecte fonamental d'aquest ecosistema productiu va ser l'artesania, que va mantenir una presència significativa en sectors com la ceràmica, el vidre, el moble o la fabricació d'estris metàl·lics. Aquestes activitats no només van preservar tècniques tradicionals, sinó que també van contribuir a enriquir la producció industrial amb dissenys i estils que es convertiran en distintius del patrimoni català. Un exemple d'aquesta fusió entre artesania i indústria serien els fanals dissenyats per l'arquitecte reusenc Antoni Gaudí per a ser instal·lats a la plaça Major de Vic, que combinen un alt valor artístic i decoratiu amb la funcionalitat pròpia dels elements d'enllumenat urbà. La seva creació reflecteix l'equilibri entre el treball artesanal, present en els detalls ornamentals i la forja del ferro, i els processos industrials necessaris per produir elements urbans adaptats a la modernització de la ciutat al tombant del segle XIX (Farrerons, 2024).

Davant d'aquest llegat industrial i artesanal, és crucial preservar tant els espais materials com les tècniques i processos associats. El projecte proposa utilitzar eines digitals modernes, com la creació de models 3D, per documentar i posar en valor aquest patrimoni. Aquesta metodologia no només permet entendre millor les estructures i els mecanismes històrics, sinó que també assegura la transmissió d'aquest coneixement a futures generacions.

2. Marc Teòric

2.1. Patrimoni Digital

El patrimoni digital és el conjunt de recursos culturals que han estat documentats, preservats o directament creats en format digital. Aquestes tipologies inclouen objectes físics digitalitzats, entorns recreats virtualment i continguts originals en suport electrònic (Choy et al., 2016). Aquesta eina representa una via per a la preservació del patrimoni cultural, ja que permet conservar elements que podrien estar en risc de desaparició com edificis històrics, fàbriques antigues, obres d'art, objectes d'artesania o mecanismes industrials tradicionals. El patrimoni digital té el gran avantatge de facilitar la seva accessibilitat, fent-lo disponible a un públic global i fomentant-ne l'estudi i la valoració des de múltiples disciplines.

A nivell global, diverses iniciatives han demostrat el potencial del patrimoni digital com a eina de difusió cultural. Existeixen projectes com Europeana, una plataforma que a nivell europeu recopila i digitalitza col·leccions de museus, arxius i biblioteques. Aquesta plataforma, a on participa la UPC amb part dels seus arxius digitals, permet posar a l'abast de tothom milers de documents històrics i obres d'art. També destaca el projecte CyArk, que utilitza tecnologia 3D per preservar llocs patrimonials en risc, com temples a Myanmar o monuments històrics a Europa i Amèrica. Aquestes iniciatives exemplifiquen com la digitalització pot superar les barreres físiques i geogràfiques, contribuint a la preservació i difusió d'un patrimoni cultural que d'una altra manera, podria quedar inaccessible o oblidat.

2.2. Aprenentatge Basat en Projectes i Pràctiques d'Alt Impacte

El projecte que s'exposa en aquest article reuneix aspectes que s'engloben dins de les metodologies d'Aprenentatge Basat en

Projectes, Pràctiques d'Alt Impacte i introducció d'elements artístics o històrics en els estudis STEM. L'aprenentatge basat en projectes (Project Based Learning, PBL) és una metodologia educativa que estructura l'ensenyament i l'aprenentatge al voltant del desenvolupament d'un projecte. En aquest model, l'alumnat organitzat en grups, treballa per resoldre un repte pràctic o teòric dissenyat prèviament pel professorat per assegurar que cada estudiant pugui assolir-lo amb èxit. Al llarg del procés, els estudiants adquireixen no només els continguts necessaris, sinó també les competències i habilitats requerides per assolir els objectius plantejats (Villagrà, 2020). Les pràctiques d'alt impacte (High-Impact Practices, HIP) són estratègies educatives que involucren intensament els estudiants en diferents processos d'aprenentatge (Kuh, 2008; Ives et al., 2023). Tot i que hi ha poca investigació sobre la realització de HIP en educació STEM de grau superior, s'han identificat relacions positives entre pràctiques específiques com ara l'execució de projectes reals o la col·laboració en recerques en curs amb millores en els resultats acadèmics (Schwartz & Miller, 2020; Hernandez et al., 2018; Hunter et al., 2006).

D'altra banda, introduir elements de recuperació històrica en els estudis STEM pot jugar un paper clau en augmentar l'interès de l'alumnat, especialment de grups amb baixa motivació o poc representats en aquestes disciplines. La integració d'història i context cultural en les assignatures tècniques aporta una dimensió humanística i rellevant que connecta els continguts acadèmics amb narratives alternatives. Aquesta aproximació contribueix a reduir la taxa d'abandonament i a millorar el compromís, ja que permet percebre als alumnes com el seu treball pot tenir un impacte tangible en la societat. A més, destacar exemples històrics inclusius, com figures rellevants de gèneres i orígens diversos, o tecnologies que han influït en el progrés social, fomenta un sentit de pertinença més ampli i una percepció més inclusiva i equitativa d'aquestes disciplines.

especialitzades en història industrial i urbanística de Barcelona disponibles, amb l'objectiu d'identificar el context general de cada projecte. Paral·lelament, s'han de consultar les fonts conservades a arxius per accedir a documents de l'època, com plànols, registres comercials, patents i correspondència empresarial. Aquestes fonts primàries són essencials per obtenir informació detallada sobre l'estructura, forma, les instal·lacions o el funcionament dels processos industrials depenent de l'objecte del patrimoni que es tracti. A més, s'han de visitar museus especialitzats o amb col·leccions relacionades, com el Museu Nacional de la Ciència i la Tècnica de Catalunya en el cas del patrimoni industrial, per estudiar maquetes, objectes i altres materials relacionats. També s'ha de dur a terme una anàlisi directa de les fonts de l'època, com articles de premsa, manuals tècnics i catàlegs comercials, que proporcionaran el coneixement de la tecnologia i les pràctiques del moment. Aquesta combinació d'aproximacions permetrà reconstruir els objectes del patrimoni material, sent la base per a la seva reconstrucció mitjançant models 3D amb un software adequat com és el SolidWorks.

En la segona part d'aquest projecte, el PBL esdevé una eina educativa clau, ja que permet als alumnes de l'assignatura d'Expressió Gràfica participar activament en la reconstrucció digital del patrimoni industrial català. Treballant en equips, els estudiants analitzen el resultat dels TFG o TFM per tal de desenvolupar els models 3D en el que seria una iteració d'aquests primers models proporcionats. Aquesta metodologia fomenta la seva motivació i implicació, alhora que desenvolupen habilitats essencials com el treball en equip, la gestió del temps, la comunicació efectiva i la resolució de problemes, preparant-los millor per a la seva futura carrera professional. A més, els connecta amb situacions reals de recerca aplicada, enriquint la seva experiència acadèmica i apropant-los al món professional.

5. Resultats

Els primers resultats actuals del projecte reflecteixen com l'aplicació d'eines digitals modernes, com la modelització 3D amb SolidWorks, poden contribuir significativament a la preservació i revalorització del patrimoni material. A continuació, es presenten tres exemples destacats de treballs de final de grau (TFG), que exemplifiquen l'èxit d'aquesta iniciativa: la reconstrucció virtual dels fanals de Gaudí a Vic, el modelatge i fabricació d'un llaüt tradicional mallorquí, i l'estudi dels processos i estructures d'una antiga fàbrica de vidre a Badalona.

5.1. Els fanals de Gaudí a Vic

L'any 2024 es va presentar el TFG titulat "Reconstrucció virtual del fanal sud de la Plaça Major de Vic". En aquest TFG es tractava de recuperar virtualment un dels dos fanals que Gaudí va dissenyar per a la plaça Major de Vic. El dia 7 de setembre de 1910, amb motiu de les festes dedicades al centenari del naixement de Jaume Balmes, es van inaugurar uns monumentals fanals modernistes a l'entrada de la plaça Major de Vic pel carrer Verdaguer. El 12 d'agost de 1924 van ser desmuntats i convertits en ferralla i pedres per enllosar els carrers. El TFG analitza la història d'aquests emblemàtics obeliscs i, mitjançat un procés d'enginyeria inversa, pretén trobar les mesures principals d'un dels dos fanals, amb la finalitat de poder reconstruir-lo, a la vegada que poder fer una anàlisi de disseny, materials i esforços mecànics a que podria estar sotmès, donat que coneixem els materials en que estava construït. A les conclusions del TFG es destaca el potencial que les eines de CAD paramètric (en aquest cas el programa SolidWorks) per la reconstrucció virtual d'aquests fanals modernistes, dels que no es té cap informació gràfica ni tècnica, que van ser derruïts fa 100 anys, i dels que sols es disposa d'unes poques fotografies.

Figura 1. Els fanals modernistes a la plaça Major de Vic. (Arxiu Històric Comarcal d'Osona).

5.2. Llaüt tradicional mallorquí

Un altre TFG que s'ha presentat al 2024 ha estat el titulat "Modelatge i fabricació d'un llaüt tradicional mallorquí" en que a partir d'un procés d'enginyeria inversa s'ha reconstruït primer virtualment i a la vegada de manera física un llaüt centenari. Del llaüt original, del que en quedaven parts malmeses, havia estat construït l'any 1890 a Andratx, i té porta el nom de San Bartolomé. Amb el model virtual s'ha procedit a la construcció física per part d'un conegut mestre d'aixa de Mallorca (Joan Sureda), el que ha permès validar el model tridimensional. En aquest projecte ha col·laborat l'associació de barques tradicionals de Portocolom.

5.3. Fàbrica de vidre a Badalona

Actualment, es troba en curs un TFG dedicat a la recuperació dels antics processos de producció de vidre de la històrica fàbrica

Figura 2. EL llaüt San Bartolomé original. (Foto Miquel Cerdà).

Figura 3. Interior de la fàbrica el Cristall.
(Foto A. Zerkowitz. Arxiu Museu de Badalona).

Rosés, Sílvia, & Guillén, Antoni (2007). *Dring! Més d'un segle de vidre i cristall.* Badalona: Museu de Badalona.

Sánchez, Àlex (2013). *Indianes, 1736-1847. Els orígens de la Barcelona industrial.* Barcelona: Museu d'Història de Barcelona, Institut de Cultura, Edicions de La Central. ISBN: 978-84-940813-4-7.

Schwartz, A., & Miller, R. L. (2020). High impact educational practices: A review of best practices withillustrative examples. *Society for the Teaching of Psychology.* http://teach psych.org/ebooks/highimpacted

Villagrá, C. J., Molina, R., Llorens, F., & Gallego, F. J. (2020). *Aprendizaje basado en proyectos grandes: experiencia y lecciones aprendidas.* Barcelona: Octaedro; IDP/ICE, Universitat de Barcelona. (Cuadernos de Docencia Universitaria; 41). ISBN: 978-84-18348-18-1.

Heladas en Puno: Retos desde el diseño para el confort en ruta escolar de niños del contexto altoandino peruano

Karen Valentina Casanova Valcarcel

Escola S. d'Enginyeries Industrial, Aeroespacial i Audiovisual de Terrassa

Mireia Puig-Poch

Escola S. d'Enginyeries Industrial, Aeroespacial i Audiovisual de Terrassa.

Departament d'Enginyeria Gràfica i de Disseny

Resumen

En el presente estudio, se analiza el impacto de las heladas en el Perú, con especial énfasis en el departamento de Puno, a fin de identificar los vacíos en los planes estatales y enmarcar necesidades no atendidas frente a este fenómeno climático, pero accionables desde el diseño. El análisis se enfoca en mitigar los efectos negativos en los niños en edad escolar, el grupo más vulnerable. Inicialmente se contextualiza la diversidad climática del país y su relación con este fenómeno, destacando las características particulares de Puno como la región más afectada. Asimismo, se exponen los vacíos en la atención a la variación de temperatura y el estrés térmico, identificando puntos críticos en la exposición de los niños, como su ruta escolar y los riesgos asociados. Finalmente, se identifican problemáticas no atendidas, delimitando áreas de oportunidad para la intervención desde el diseño, de manera más efectivas y oportuna. La relevancia de la presente investigación radica en la capacidad de impacto que puede tener el correcto direccionamiento de esfuerzos desde la innovación, acortando así, la carente dignificación de la vida rural altoandina.

Abstract

This study analyzes the impact of frost in Peru, with a particular focus on the department of Puno, aiming to identify gaps in state plans and frame unmet needs in response to this climatic phenomenon, while addressing actionable solutions through design. The analysis focuses on mitigating the negative effects on school-aged children, the most vulnerable group. Initially, the study contextualizes the country's climatic diversity and its relationship with this phenomenon, highlighting Puno's particular characteristics as the most affected region. Furthermore, it addresses gaps in addressing temperature variation and thermal stress, identifying critical points in children's exposure, such as their school routes and associated risks. Lastly, it identifies unaddressed issues, outlining opportunity areas for intervention through design in a more effective and timely manner. The relevance of this research lies in its potential impact through the proper alignment of efforts driven by innovation, thereby contributing to the much-needed dignification of rural Andean life in Peru.

----

1. Introducción

En el Perú existen diversos eventos climáticos y meteorológicos considerados extremos (IDESEP, 2017). En el contexto mundial del cambio climático, las Heladas y Friajes en el Perú han acentuado su presencia; dichos eventos afectan correspondientemente a las zonas altoandinas y selva del país.

Diversas publicaciones, y medios de nacionales e internacionales, documentan la gravedad de las afectaciones que padecen los pobladores del altiplano peruano por eventos meteorológicos, evidenciando así la severidad y la interminable espera por soluciones de impacto significativo. “Educación garantiza clases en escuelas durante heladas” (El Comercio, 2014), “Frío que mata: ¿cómo evitar las muertes invernales en los Andes peruanos?” (Espinoza, 2023), “1 de cada 8 niños menores de cinco años tienen infecciones respiratorias agudas en Puno y Huancavelica.” (Comexperu, 2024, p. 1).

En Perú, la distribución espacial de las unidades poblacionales afectadas en zonas rurales se caracteriza por ser dispersa y de variada densidad. Las principales implicaciones a la salud ocurren durante las primeras horas del día debido a las variaciones térmicas diarias de gran amplitud. Las afectaciones por riesgo de vida se acentúan cuando el individuo debe continuar su rutina pese a la ocurrencia del fenómeno, sometiendo a su organismo a ajustes fisiológicos significativos para alcanzar un intervalo térmico de supervivencia. Es insostenible el postergar las actividades humanas debido a la irregularidad y carencia de precisión cíclica en horario e intensidad, pese a su ocurrencia anual.

Las heladas son registradas en muchas otras partes del mundo, especialmente en altitudes elevadas como en los Andes y la Meseta Tibetana, donde descienden bajo la temperatura de congelación 0° C; pese a ello, la severidad del fenómeno meteorológico está sujeto a factores particulares asociados al lugar. Existen distintos indicadores que acentúan el riesgo de vida, como es: la media del periodo libre de heladas, el nivel de respuesta por parte del gobierno correspondiente y el nivel de consolidación de las comunidades afectadas; por mencionar algunos cercanos a la realidad peruana. En el Perú, las cifras más alarmantes de mortandad por heladas se registran en el departamento de Puno.

El modelo de inversión interviene dentro de un marco de planificación, como el Plan Multisectorial ante Heladas y Friaje, el cual se actualiza periódicamente con mejoras. Descrito como "un agresivo plan multisectorial para atender el problema de manera integral" (Espinoza, 2023). Además, la evaluación situacional próxima, "Escenarios de Riesgo por Heladas y Friajes en el Marco del Plan Multisectorial 2025 – 2027", se centra en mapas, indicadores y niveles de riesgo.

2. Metodología

6. Revisión bibliográfica: Contextualización del fenómeno de las heladas en Perú y su impacto en la región de Puno.

efecto invernadero local, y ello favorece la caída de temperaturas (Guillermo Miguel Carlos Gómez, 2010, p. 10). El Atlas de Heladas del Perú menciona a factores meteorológicos como: cielo despejado, sin nubes y brillo solar intenso diurno, cielo despejado durante la noche y descenso rápido de temperatura, viento en calma durante la noche, aire seco, y baja temperatura vespertina. Además, destaca lo siguiente: "si la temperatura existente a la puesta de sol es alta, un descenso intenso durante la noche no sería dañino, pero, si la temperatura es baja al empezar la noche, el daño causado por la disminución gradual de la temperatura puede ser severo en las primeras horas del día siguiente."(SENAMHI, 2010, p. 16).

La principal característica del fenómeno es la abrupta disminución térmica, y esta oscilación se registra en el Atlas climático del departamento de Puno (SENAMHI et al., 2021, p. 146). La naturaleza de este documento es brindar servicio de información climática; en el capítulo "4.9 Grados Día – Déficit de calor", El cálculo relaciona la oscilación térmica diaria con una temperatura base para activar la calefacción, obteniendo la sumatoria trimestral de junio, julio y agosto; además, dirige su estimación a la necesidad de calor dentro de un edificio. Ya que el presente escrito busca ampliar la relevancia del análisis de las actividades humanas más allá de los límites de una edificación, la temperatura base mencionada en el documento no resulta aplicable.

La dispersión espacial de los centros poblados (CC.PP.) del departamento de Puno es un factor importante a considerar, debido a que el 99.6 % de su población vive en centros poblados rurales (menos de 2 mil hab. agrupados en al menos 3 viviendas por ha.), ello corresponde al 46.2 % de su población. (Presidencia del Consejo de Ministros, 2021). La accidentada topografía de Puno, propia del sector altoandino peruano, imposibilita la accesibilidad vial a muchos CC.PP. Las afectaciones climáticas tornan estos recorridos cotidianos, de niños y adultos, en "senderos peligrosos", tal como lo describe la prensa

(Perú 21, 2019). Las distancias, con zonas escalables y pendientes, en un contexto de adversidad climática, exceden la capacidad humana de adaptación, dificultando el acceso a equipamientos básicos como postas de salud y centros educativos.

3.2. Análisis de las soluciones estatales

El Plan Multisectorial ante Heladas 2022-2024, se integra los niveles de susceptibilidad a las heladas y los índices de vulnerabilidad de la población nacional en su análisis de riesgo. Como resultado, identificó que, respecto a la población considerada total expuesta a un riesgo muy alto de vulnerabilidad frente a afecciones a la salud y sus medios de vida por efecto de las heladas en el ámbito nacional, el departamento de Puno concentra el 53.5 % (83,359 personas), además del 124,313 personas clasificadas en nivel de riesgo alto (Plan Multisectorial ante Heladas y Friaje 2022 - 2024, 2022, p. 22,24). En el marco de la más reciente herramienta técnica "Escenario de riesgo de Heladas y Friajes en el Marco del Plan Multisectorial 2025 – 2027", pese a que los indicadores de evaluación consideraron ligeras variaciones, Puno mantiene la calificación de riesgo muy alto.

El objetivo del plan (2023-2024), es reducir la vulnerabilidad de la población expuesta ante los efectos de las heladas y friaje. Se consideró como vulnerable a la población con al menos una necesidad básica insatisfecha (NBI), entre las 5 variables consideradas, una fue "población en hogares con niños que no asisten a la escuela" (Plan Multisectorial ante Heladas y Friaje 2022 - 2024, 2022, p. 21). Cabe destacar que fue la única etapa de vida considerada en el plan; sobre ello, el documento menciona que los problemas tempranos afectan el desarrollo futuro, además, según evidencia disponible, las políticas públicas con enfoque por etapas de vida tienen mayor impacto (Plan Multisectorial ante Heladas y Friaje 2022 - 2024, 2022, p. 16). El plan tradujo el impacto final de las heladas y friaje en: inseguridad alimentaria, mortalidad infantil y de la población adulto mayor, y el ausentismo escolar. El plan busca obtener resultados tras la reducción de: la incidencia de neumonías y la incidencia de infecciones respiratorias agudas (IRAs), entre otros.

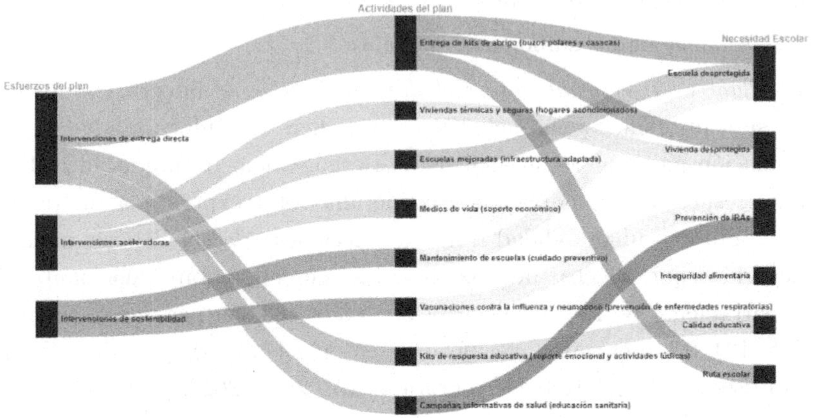

Figura 1. Síntesis de soluciones estatales dentro del marco del Programa presupuestal "0068 Reducción de la Vulnerabilidad y Atención de Emergencias por Desastres".

El plan incluye acciones a escala de centro poblado. Además, existen otros programas presupuestales de interés para el logro de los resultados, el 137 dirigido hacia la innovación y el 138 sobre inseguridad vial, este último afirma que respecto al servicio de educación, la disminución en tiempos de traslado impacta positivamente en el nivel de asistencia escolar (Anexo 2 - Programa Presupuestal N°0138 Reducción del Costo, Tiempo e Inseguridad en el Sistema de Transporte, s. f., p. 35).

3.3. Problemática desde el diseño

El fenómeno climatológico es significativamente más complejo que la simple ocurrencia de bajas temperaturas, además, en el contexto actual de cambio climático, la preocupación incluye el aumento en la frecuencia e intensidad de los eventos (IDESEP, 2017). El análisis concluye que el limitado enfoque de las herramientas y planes estatales

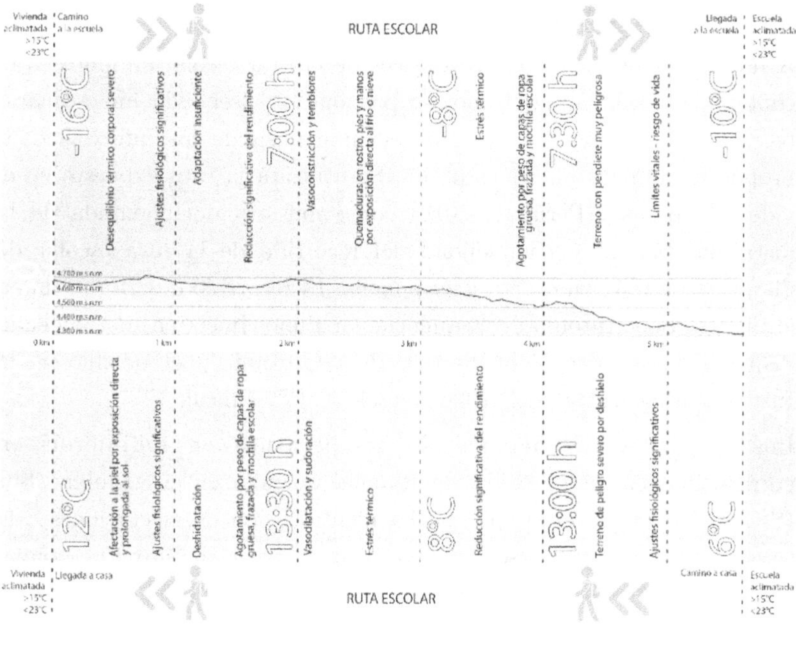

Figura 2. Síntesis de problemas durante la ruta escolar.

dificulta la identificación de problemas derivados de las heladas y su impacto en las actividades humanas, resultando en respuestas insuficientes, ya que limita su intervención a momentos de las actividades humanas inconexos de otras; y no refuerza las dinámicas sociales necesarias para su progreso.

El planteamiento estatal invita al acortamiento de la individualidad e incita al aislamiento y marginación, restando dignidad y valor a la autonomía. La experiencia humana no debe limitarse a la sobrevivencia, las soluciones deben amplificar las oportunidades de desarrollo del individuo, y la etapa escolar es clave para ello. Aunque el fenómeno afecta a todas las edades, los problemas en la niñez impactan el desarrollo futuro y previene la desafortunada repetición cíclica en las nuevas generaciones del altiplano.

3.4. Escenario teórico

A fin de establecer los puntos críticos de la ruta escolar de niños en el contexto de heladas en Puno, se propone el diseño de un escenario teórico en el marco de una aplicación exitosa de las intervenciones propuestas por los planes estatales. Se utilizará la ruta expuesta en el video de prensa (Perú 21, 2019) como muestra documentada de la distancia, tiempo y complejidad del recorrido de la ruta escolar de diaria de un niño en el altiplano puneño. El recorrido descrito se da en el distrito San Antonio de Esquilache en Puno. Inicia en una vivienda dispersa del Centro Poblado (CC.PP.) Cruzani, y el destino es la Institución Educativa IEP 70062, en el CC.PP. Juncal.

Los rangos y variaciones de temperatura se definieron en correspondencia al promedio multianual de julio en el Atliplano Sur (SENAMHI et al., 2021, p. 58). La identificación de afectaciones a la salud durante la ruta escolar se realizó en base al libro Ergonomía. Vol. 2, Confort y estrés térmico (Rodríguez Mondelo et al., 2001).

4. Conclusiones

Los límites vitales del poblador altoandino superan a su capacidad de resiliencia ante el clima adverso. En su contexto, la decisión de educarse es un acto de rebeldía ante su vulnerado derecho a la educación. Aunque el caso de Puno sea considerado como extremo y severo en la actualidad, en el contexto del cambio climático, se esperan amplias variaciones de temperatura en distintas zonas del mundo. Si bien esta realidad climática se mantiene dentro del margen de la ruralidad; se plantea un escenario donde el individuo desde una posición resiliente, pese a la severidad climática, rechace la idea de la sumisión ante el clima.

La presente investigación pretende abrir el diálogo hacia un nuevo discurso con enfoque innovador y oportuno, donde las soluciones contemplen a la tecnología como un recurso resolutivo y no como un agente ajeno e inexplorable. La respuesta desde el diseño tiene el potencial de intervenir de manera efectiva y de gran impacto social.

Referencias

Anexo 2 - Programa Presupuestal N°0138 Reducción del Costo, Tiempo e Inseguridad en el Sistema de Transporte, 389. http://surl.li/jdtanw

CENEPRED. (2022). *Escenario De Riesgo Por Bajas Temperaturas Del Departamento De Puno.* https://sigrid.cenepred.gob.pe/sigridv3/documento/14399

Comexperu. (2024, mayo). 9 de cada 10 puneños y huancavelicanos están expuestos a riesgos por friaje. *Semanario 1210, Actualidad.* https://www.comexperu.org.pe/articulo/9-de-cada-10-punenos-y-huancavelicanos-estan-expuestos-a-riesgos-por-friaje

El Comercio. (2014, mayo 8). Educación garantiza clases en escuelas durante heladas. *El Comercio.* https://elcomercio.pe/peru/educacion-garantiza-clases-escuelas-heladas-317835-noticia/

Espinoza, E. (2023, febrero). Frío que mata: ¿Cómo evitar las muertes invernales en los Andes peruanos? *El País.* https://elpais.com/america-futura/2023-02-17/frio-que-mata-como-evitar-las-muertes-invernales-en-los-andes-peruanos.html

Guillermo Miguel Carlos Gómez. (2010). *Las Heladas en el Perú y el mundo* [Monografía].

IDESEP. (2017). *Evento Extremo—Helada.* Estudios e investigaciones. https://idesep.senamhi.gob.pe/portalidesep/idesep_tema_evento_extremo_helada.jsp

Perú 21. (2019, agosto 24). *Niños caminan más de una hora para llegar al colegio en inclemente frío de Puno* [VIDEO]. https://peru21.pe/peru/puno-ninos-caminan-hora-llegar-colegio-inclemente-frio-video-414516-noticia

Plan Multisectorial ante Heladas y Friaje 2022 - 2024 (2022). https://sigrid.cenepred.gob.pe/sigridv3/storage/biblioteca//15522_plan-multisectorial-ante-heladas-y-friajes-2022-2024.pdf

Presidencia del Consejo de Ministros. (2021, agosto 6). *Puno: Información territorial [Campañas y eventos].* https://www.gob.pe/institucion/pcm/campa%C3%B1as/4349-puno-informacion-territorial

Rodríguez Mondelo, P. M., Gregori Torada, E., Comas Úriz, S., Castejón Vilella, E., & Bartolomé Lacambra, E. (2001). *Ergonomía, Vol. 2, Confort y estrés térmico.* UPC, Edicions UPC, Universitat Politécnica de Catalunya.

SENAMHI. (2010). *Atlas de Heladas del Perú* (p. 50) [Estudio de ocurrencia climatológica]. SENAMHI. https://idesep.senamhi.gob.pe/portalidesep/files/tematica/atlas/helada/atlasheladas.pdf

SENAMHI. (2024a). *Puno—Heladas y Friajes.* Preguntas Frecuentes. https://www.senamhi.gob.pe/main.php?dp=puno&p=heladas-y-friajes-preguntas&utm_source=pocket_saves

SENAMHI. (2024b, junio 9). *Descenso de Temperatura Nocturna en la Sierra Centro y Sur* [Aviso Meteorológico]. https://www.senamhi.gob.pe/?p=aviso-meteorologico-detalle&a=2024&b=15641&c=00&d=SENA

SENAMHI, Castro, A., Avalos, G., Cubas, F., Correa, K., Davila, C., et al. (2021). *Atlas climático del departamento de Puno* (Proyecto Pachayatiña/Pachayachay) [Reporte]. Servicio Nacional de Meteorología e Hidrología del Perú. http://repositorio.senamhi.gob.pe/handle/20.500.12542/1775

SENAMHI, Salazar, E. M. Q., & Marmanilla, L. O. R. (2024). *Boletín Regional Puno* (Reporte No. N° 07; Boletín Mensual Hidrológico, p. 14). SENAMHI. https://www.senamhi.gob.pe/load/file/04701SENA-140.pdf

SENAMHI-DZ13. (2024a). *Boletín Diario N° 126—2024* [Boletín]. SINIAR Puno. https://sinia.minam.gob.pe/taxonomy/term/133023

SENAMHI-DZ13. (2024b). *Datos hidrometeorologicos diarios* [Reporte]. SINIAR Puno. https://sinia.minam.gob.pe/taxonomy/term/133406¶

Sinestesia y metodologías de diseño

Pablo Comas Lorán

Escola S. d'Enginyeries Industrial, Aeroespacial i Audiovisual de Terrassa

Mireia Puig-Poch

Escola S. d'Enginyeries Industrial, Aeroespacial i Audiovisual de Terrassa.

Departament d'Enginyeria Gràfica i de Disseny

Resumen

El presente estudio examina la sinestesia como herramienta para desarrollar nuevas metodologías de diseño. La investigación explora cómo las asociaciones sensoriales, típicas de la sinestesia, pueden optimizar los procesos creativos y metodológicos en el diseño. El texto se estructura en varios apartados que abordan tanto las perspectivas históricas y artísticas como las científicas y metodológicas. Inicialmente, se introduce la sinestesia desde sus primeras conceptualizaciones, comenzando en la antigua Grecia y evolucionando hasta la modernidad. Se destacan las aportaciones en relación con el ámbito del arte a través de la expresión visual y musical, así como el interés renovado en la comunidad científica a partir de la década de 1980. El estudio aborda además investigaciones recientes que exploran la base genética y neuronal de la sinestesia. De esta información surgen preguntas como: ¿Puede la sinestesia optimizar procesos de diseño? que se tratarán de responder haciendo una comparativa entre metodologías científicas que estudian el comportamiento de la sinestesia y metodologías de diseño, extraídas de Universal Methods of Design (2012). Como resultado del estudio, se propone integrar la sinestesia como una herramienta metodológica dentro del "diseño emocional", resaltando su potencial para fomentar procesos más creativos y experienciales en el ámbito del diseño.

Abstract

The present study examines synaesthesia as a tool for developing new design methodologies. The research explores how sensory associations, characteristic of synaesthesia, can optimize creative and methodological processes in design. The text is structured into several sections that address both historical and artistic perspectives as well as scientific and methodological ones. Initially, synaesthesia is introduced from its early conceptualizations, beginning in ancient Greece and evolving into modernity. Contributions in the field of art are highlighted, particularly in relation to visual and musical expression, as well as the renewed interest in the scientific community starting in the 1980s.The study also discusses recent research exploring the genetic and neurological basis of synaesthesia. From this information arise questions such as: *Can synaesthesia optimize design processes?* These questions are addressed by comparing scientific methodologies that study synesthetic behaviour with design methodologies extracted from "*Universal Methods of Design*". As a result of the study, it is proposed to integrate synaesthesia as a methodological tool within "emotional design", emphasizing its potential to foster more creative and experiential processes in the field of design.

———————————

1. Introducción

Nombres como Platón, Newton, o Flournoy, son nombres que muestran la presencia de la sinestesia a lo largo de la historia de la humanidad como una manera particular de percibir el mundo. Dado que los seres humanos vivimos constantemente expuestos a un mundo lleno de sensaciones, es natural que tendamos a realizar asociaciones entre distintos estímulos. Generalmente, estas asociaciones no van más allá de lo que representan en sí mismas: por ejemplo, el color rojo no tiene mayor significado que el hecho de ser rojo. Sin embargo, esta percepción cambia cuando añadimos una nueva capa de información o la vinculamos con otro medio, como una nota musical específica o un número. Podemos entenderlo con una metáfora sencilla: imaginemos un cuadrado dibujado en una hoja de papel. A simple vista, lo percibimos como una figura lineal de cuatro lados, pero si giramos la hoja, encontramos una segunda cara, el reverso. Ahora tenemos dos formas distintas de comprender el mismo concepto, que no solo se complementan, sino que se enriquecen mutuamente de manera bidireccional.

2. Primeras concepciones del fenómeno

Edad antigua
Grecia

Aristóteles, Wikipedia

De l'ànima, issuu.com

Aristóteles. ca. (350 a.C.)
Περὶ Ψυχῆς De Anima

Platón. ca. (360 a.C.)
Τίμαιος, Timeo

Edad Moderna
Ilustración

Newton et al., (1704) Opticks: Or a treatise of the reflexions, refractions, inflexions, and colours of light

Louis-Bertrand Castel, Castel, L.-B., (1734), "clavecín ocular"

L.B. Castel, Wikipedia

Optiks, Archive.org

Edad Contemporánea
Empirismo

Wundt, Archive.org

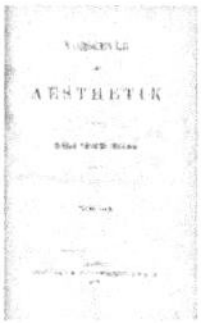

Fechner, Google Books

Galton, Wellcome collection

Flournoy, André Breton.fr

Wundt, W. M. (1862). Beiträge zur theorie der sinneswahrnehmung

Fechner, G. T. (1871). Zur experimentalen aesthetik

Galton, S. F. (1883). Inquiries into human faculty and its development.

Flournoy, T. (1893). Des phénomènes de synopsie.

Como hemos visto en el esquema anterior, las primeras nociones de sinestesia aparecen en la antigua Grecia. En esta época histórica Aristóteles. ca. (350 a.C.) y Platón. ca. (360 a.C.) reflexionan sobre el "*koine aisthesis*"; un sentido común, que relaciona todos los sentidos. En la edad moderna, donde la ciencia figura como motor del mundo, Newton, (1704) establece paralelismos entre los colores y los sonidos, al proponer una analogía entre las longitudes de onda de la luz y las frecuencias musicales. Se hacen invenciones, como la de Louis-Bertrand Castel, que realiza un "clavecín ocular", un instrumento musical que asocia colores con notas musicales. La edad contemporánea, es un gran escenario en el que filósofos como Wundt, (1862), Fechner, (1871), Galton, (1883) y Flournoy, (1893), trabajan en la definición de la sinestesia, y realizan varios estudios sobre ella. De dichos estudios salen definiciones como:

> *"Sinestesia, el estado en el que la percepción de un estímulo en un sentido provoca simultáneamente una sensación en otro ámbito sensorial." (Wundt, 1962)*

> *"Él comunica los resultados de una investigación sobre la audición coloreada (sinestesia visual), que realizó este verano con el Sr. Ed. Claparède." (Flournoy, 1893)*

Con el tiempo, el surgimiento del conductismo (1900-1950), que rechazaba fenómenos introspectivos no observables directamente, el interés por la sinestesia disminuyó considerablemente. Las investigaciones se centraron en fenómenos objetivos y medibles, dejando de lado experiencias subjetivas como la sinestesia.

3. Sinestésicos y no-sinestésicos: Estudio artístico y científico

3.1. Arte y expresividad sinestésica

Bergantini (2019) realiza un estudio del impacto de la sinestesia a nivel histórico. En dicho estudio se observa, la relación entre sinestesia y creatividad, y ejemplifica que las personas que tienen esta condición o son capaces de realizar asociaciones, normalmente apuestan por la conceptualización y expresividad, a través de las artes. Aquí van algunos ejemplos:

- Poetas: Charles Baudelaire (1821-1867) y Arthur Rimbaud (1854-1891).

- Pintores: Kandinsky (1866 – 1944) y Piet Mondrian (1872-1944).
- Audiovisuales: Walter Ruttman (1887-1941), Oskar Fischinger (1900-1967).
- Música: Richard Wagner (1813-1883) - unión sinérgica de las artes, Gesamtkunstwerk (obra de arte total).

Personajes como Walter Ruttman con Lichtspiel Opus I (1921), s.d. o Oskar Fischinger (*An Optical Poem (C) (1937) - FilmAffinity*, s.d.) son los precursores de la "*visual music*", primeros montajes audiovisuales experimentales con sonido y color . Por otro lado se destaca la importancia del pintor Vasili Kandinsky, que interioriza la sinestesia en todas sus obras a través de tratados metodológicos como son; Punto y línea sobre el plano Kandinsky, (1991) y Kandinsky, Wassily (1911) De lo espiritual en el arte, (Kandinsky s.d.), escribe una metodología propia de expresividad sinestésica. Describiendo como percibe sonidos de instrumentos a través de paletas coloridas o la evolución de figuras geométricas trasladadas en planos de color.

Bergantini (2019) habla de la diferencia de la subjetividad sinestésica por la falta de estudio científico. Explica, que es necesario separarla de la asociación a la cual se sometió durante tantos años (artística) para poder investigarla des de un punto de vista científico.

Toma como punto de partida la siguiente afirmación:

> *"El carácter subjetivo de la experiencia sinestésica dificultó la aceptación de los estudios sobre el tema dentro de la comunidad científica y provocó la correlación entre sinestesia, imaginación, metáfora y creatividad. Solo a partir de la década de 1980 se crearon pruebas para verificar la autenticidad de esta condición, distanciándola cada vez más del ámbito de las artes." (Bergantini, 2019)*

3.2. Sinestesia a nivel genético

Hubbard y Ramachandran (2005) hacen un estudio para hablar sobre la sinestesia a nivel neuronal. Buscan explorar su base genética, cognitiva, y neuronal, a través de la comparativa de distintos estudios y pruebas. De las conclusiones del estudio, se deriva, que las experiencias conscientes de la sinestesia pueden ser concebidas de forma bidireccional, y que los comportamientos neuronales en personas sinestésicas, muchas veces son más reactivos. Asher et al., (2008), entre muchos otros, escribe con la intención de investigar sobre la relación de la sinestesia y la ascendencia a través del medio genético.

Ambos estudios identificaron regiones de interés en los **cromosomas 2 y 6**, lo que refuerza la idea de que estos cromosomas contienen genes relevantes para la sinestesia y el oído absoluto. Estas condiciones comparten características relacionadas con la conectividad neuronal y las asociaciones sensoriales, y los resultados sugieren posibles mecanismos genéticos comunes.

3.3. Preguntas y metodología

Después de ver en qué formas se desarrolla la sinestesia a lo largo de la historia, se puede observar la falta de conexión entre las áreas artísticas y científica. Sabiendo que los perfiles de personas sinestésicas suelen estar localizados en los apartados creativos, y contando con el interés de la comunidad científica, sobre la actividad cerebral y la genética, no se ha tratado de avanzar en el desarrollo de un campo de trabajo común que una la parte artística y la metodología científica. Debido a que, el diseño, "*es una actividad interdisciplinar que integra campos diversos y que, por consiguiente, no se adscribe a ninguno concreto.*" (Resano, s.d.), ha surgido el interés por observar, reforzar metodologías de diseño con "procesos sinestésicos". Las siguientes preguntas, son las que motivan a evolucionar con el estudio:

> *¿Se pueden optimizar los procesos de diseño a través de las relaciones sinestésicas?*
>
> *¿Existe una relación entre metodologías de diseño y metodologías sinestésicas?*

¿Es posible utilizar la sinestesia como herramienta del diseño emocional?

4. Metodologías de investigación sinestésica y de diseño

4.1. Metodologías científicas

Metodologías científicas encontradas en Asher et al. (2008), Asher et al. (2006), Hubbard y Ramachandran (2005), Lupiáñez y Callejas (2006):

a. Estudios de Consistencia de la Sinestesia

Se utilizó un "Test de Genuinidad Revisado" (TOG-R) para medir la consistencia temporal de las experiencias sinestésicas. En Asher et al., (2006) se buscó hacer un estudio y una fenotipación de la sinestesia visual a través del (TOG-R). Para hacerlo se utilizaron grupos de colores con un total de 290 muestras de color asociadas a sonidos. Se realizó dos veces la prueba, con un mes de diferencia entre ellas.

b. Paradigmas de Interferencia de Stroop Sinestésicos.

Se adaptó el paradigma de Stroop para evaluar si las asociaciones sensoriales en los sinestésicos son automáticas y no controladas conscientemente. En Lupiáñez & Callejas, (2006) podemos ver un abanico de pruebas utilizando dicho modelo.

c. Pruebas Psicofísicas de Sinestesia (Búsqueda Visual y Máscara)

El paradigma de *búsqueda visual* y las pruebas de *enmascaramiento visual* se usan para medir cómo las asociaciones sinestésicas afectan el procesamiento de la percepción. En Hubbard et al., (2005) vemos una serie de pruebas en las que se realiza una *búsqueda visual* de grafemas entre distintos grafemas similares.

d. Estudios de Neuroimagen Funcional (fMRI)

Se usaron técnicas de imágenes por resonancia magnética funcional (fMRI) para estudiar la actividad cerebral de sinestésicos y no sinestésicos mientras realizaban tareas que involucraban grafemas y colores. También en el artículo Hubbard et al., (2005), se realizan estudios de neuroimagen funcional mientras se realizan dichos procesos, como por ejemplo, las pruebas psicofísicas.

4.2. Metodologías de diseño

Metodologías seleccionadas de Martin (2012):

1. Affinity diagramming
2. A/B Testing
3. Congnitive Walkthroughs
4. Brainstorming
5. Desirability testing (quality, appearance, case of use, motivation, speed)

5. Unión de metodologías: Resultados y conclusiones

5.1. Resultados

Para la unión de las metodologías se han comparado las metodologías de diseño (1-5), con las metodologías científicas en estudios sobre la sinestesia (a-d), a través de una tabla que relaciona las metodologías.

Metodología	Test (TOG -R)	Método Stroop	Búsqueda Visual/máscara	Neuroimagen Funcional (fMRI)
Affinity Diagramming	Test (TOG -R) + A. Diagramming			
A/B Testing		Stroop + A/B Testing		
Cognitive Walkthroughs		Stroop + C. Walkthroughs		
Brainstorming			Búsqueda Visual/máscara + Brainstorming	
Desirability Test				

Tabla 1. Relación entre metodologías científicas de estudios sobre la sinestesia y metodologías de diseño existentes.

5.2. Análisis de resultados

Test de genuidad (TDG) + diagramas de afinidad. ''Test de afinidad aplicado al diseño''.

Podemos someter a los usuarios a estímulos asociados a perfiles sociales basados en color, grafemas y sonidos. Esto nos dará información sobre posibles tendencias repetitivas en el panorama actual y serán clasificadas a través de diagramas de afinidad ''affinity diagramming''.

Stroop + A/B testing + cognitive walkthroughs. ''Stroop testing aplicado al diseño''.

El ''A/B testing'' nos puede dar información a nivel gráfico sobre que respuestas obtenemos sobre distintas percepciones visuales al aplicarles el proceso de ''stroop''. Nos puede servir para analizar combinaciones de colores en cuanto a legibilidad, patrones de maquetación, u otras percepciones gráficas. Incluiremos los ''cognitive walkthroughs'', que nos ayudarán a entender si la ordenación de la información, sobre todo a nivel gráfico, siguen la misma lógica que el proceso cognitivo humano.

Búsqueda visual / Máscara + brainstorming de diseño. ''Brainstorming y búsqueda visual aplicadas al diseño''.

Se utilizará ''el brainstrormig'' para generar estímulos, que nos ayuden a relacionar entre sí distintos medios (sinestésicamente). La disposición de los estímulos será a partir del modelo de máscara/ búsqueda visual compuestas por grafemas. Lo que se busca es la detección de cambios de texturas. Es decir, buscar nuevas ideas a través de las diferencias.

''Estudios de Neuroimagen Funcional (fMRI) aplicadas al diseño''.

Durante todos los procesos se utilizarán estudios de neuroimagen funcional, para analizar la actividad cerebral.

Nuevo atributo del Desirability test (''Balance sinestésico'', o consistencia sinestésica'')

En sí mismo, todas estas nuevas metodologías propuestas de diseño, que integran la sinestesia como parte del proceso de creación, formarán parte de la metodología existente llamada ''desirability test''. Esta metodología está formada, actualmente, por los apartados (quality, appearance, case of use, motivation, speed). La propuesta, es añadir un nuevo atributo relacionado con la sinestesia, que comprende este conjunto de nuevas metodologías.

6. Conclusiones

Todo y la evidente falta de testeo, para poder llegar a acreditar de forma práctica las metodologías propuestas, el balance en el objetivo del proyecto (relacionar la sinestesia y el diseño), ha sido positivo. Responden gratamente al planteamiento teórico de optimizar los procesos de diseño través de las metodologías científico-sinestésicas. Se cree que la introducción de un nuevo atributo relacionado con la sinestesia como parte de los ''desirability test'', podría ser bueno para las nuevas perspectivas de diseño emocional y de diseño centrado en el usuario.

Referencias

An Optical Poem (C) (1937)—FilmAffinity. (s.d.). Recuperado 5 noviembre 2024 de https://www.filmaffinity.com/es/film231308.html

Asher, J. E., Aitken, M. R. F., Farooqi, N., Kurmani, S., & Baron-Cohen, S. (2006). Diagnosing and Phenotyping Visual Synaesthesia: A Preliminary Evaluation of the Revised Test of Genuineness (TOG-R). *Cortex*, 42(2), 137-146. https://doi.org/10.1016/S0010-9452(08)70337-X

Asher, J. E., Lamb, J. A., Brocklebank, D., Cazier, J.-B., Maestrini, E., Addis, L. et al. (2008). A whole-genome scan and fine-mapping linkage study of auditory-visual synesthesia reveals rvidence of linkage to chromosomes 2q24, 5q33, 6p12, and 12p12. *American Journal of Human Genetics*, 84(2), 279-285. Scopus. https://doi.org/10.1016/j.ajhg.2009.01.012

Bergantini, L. P. (2019). Sinestesia nas artes: Relações entre ciência, arte e tecnologia. *ARS (São Paulo),* 17(35), Article 35. https://doi.org/10.11606/issn.2178-0447.ars.2019.151267

Fechner, G. T. (with Columbia University Libraries). (1871). *Zur experimentalen aesthetik [electronic resource]* /. S. Hirzel,. http://archive.org/details/ldpd_7460548_000

Flournoy, T. (1893). *Des phénomènes de synopsie (audition colorée): Photismes, schèmes visuels, personnifications.* Alcan.

Galton, S. F. (1883). *Inquiries into human faculty and its development.* Macmillan. https://doi.org/10.1037/14178-000

Hubbard, E. M., Arman, A. C., Ramachandran, V. S., & Boynton, G. M. (2005). Individual Differences among Grapheme-Color Synesthetes: Brain-Behavior Correlations. *Neuron*, 45(6), 975-985. https://doi.org/10.1016/j.neuron.2005.02.008

Hubbard, E. M., & Ramachandran, V. S. (2005). Neurocognitive mechanisms of synesthesia. *Neuron*, 48(3), 509-520. Scopus. https://doi.org/10.1016/j.neuron.2005.10.012

Kandinsky, W., & Kandinsky, W. (1991). *Punto y línea sobre el plano: Contribución al análisis de los elementos pictóricos* (2da. edición). Labor.

Kandinsky, Wassily—1911—*De lo espiritual en el arte*.pdf. (s.d.). Google Docs. Recuperat 3 desembre 2024, de https://docs.google.com/file/u/1/d/0Bw-UW1D6x4Y9ME5BWGF6Yzg0c0E/edit?usp=embed_facebook

Lichtspiel Opus I (C) (1921). (s.d.). [Video recording]. Recuperado 5 noviembre 2024, de https://www.filmaffinity.com/es/film277146.html

Lupiáñez, J., & Callejas, A. (2006). Automatic Perception and Synaesthesia: Evidence from Colour and Photism Naming in a Stroop-Negative Priming Task. *Cortex*, 42(2), 204-212. https://doi.org/10.1016/S0010-9452(08)70345-9

Martin, B. (with Internet Archive). (2012). *Universal methods of design: 100 ways to research complex problems, develop innovative ideas, and design effective solutions.* Beverly, MA: Rockport Publishers. http://archive.org/details/universalmethods0000mart

Newton, I., Hemming, G. W., & Burndy Library, Donor D. (with Smithsonian Libraries). (1704). *Opticks: Or, A treatise of the reflections, refractions, inflexions and colours of light: also two treatises of the species and magnitude of curvilinear figures.* London: Printed for Sam. Smith, and Benj. Walford ... http://archive.org/details/opticks treatise00newta https://doi.org/10.5479/sil.302475.39088000644674

Resano, R. P. (s.d.). *Teoría del diseño y perspectivas críticas.*

Wundt, W. M. (1862). *Beiträge zur theorie der sinneswahrnehmung.* C. F. Winter.

Modelado paramétrico y análisis de los paraboloides hiperbólicos de la Iglesia Santísima Trinidad con SolidWorks

Mariolly Dávila, Andrea Parga

Escola d'Enginyeria de Barcelona Est

Departament d'Enginyeria Gràfica i de Disseny

Resumen

El patrimonio arquitectónico del Movimiento Moderno destaca por el uso innovador de estructuras geométricas como los paraboloides hiperbólicos. Un ejemplo notable es la cubierta de cuatro *hypars* (paraboloides hiperbólicos) de la Iglesia Santísima Trinidad en Caracas, diseñada por Andrés E. Betancourt Silva y José Antonio Ron Pedrique en 1969. Este estudio optó por una metodología basada en las posibilidades del programa SolidWorks para analizar y definir la planimetría de la superficie principal de esta edificación, solventando las limitaciones de la representación original debido a su compleja geometría y completando el conjunto de dibujos de la documentación inicial.

Abstract

The architectural heritage of the Modern Movement stands out for its innovative use of geometric structures such as hyperbolic paraboloids. A notable example is the four-hypar roof (hyperbolic paraboloids) of the Santísima Trinidad Church in Caracas, designed by Andrés E. Betancourt Silva and José Antonio Ron Pedrique in 1969. This study opted for a methodology based on the possibilities of the SolidWorks program to analyse and define the planimetry of the main surface of this building, overcoming the limitations of the original representation due to its complex geometry and completing the set of drawings of the initial documentation.

----

1. Contexto y problema

Los *hypars* de la Santísima Trinidad representan una de las tipologías clasificadas por Félix Candela como aquellas con un eje Z no vertical. Sin embargo, la información arquitectónica sobre este edificio es escasa y en su mayoría imprecisa. El Instituto de Patrimonio Cultural de Venezuela (IPC) declaró la iglesia como Bien de Interés Cultural de la Nación y la incluyó en el *Catálogo del Patrimonio Cultural Venezolano (2004-2008)*, describiéndola brevemente como una edificación con planta irregular y un techo de concha. Sin embargo, no proporciona detalles técnicos ni análisis geométricos (DOCOMOMO Venezuela, 2008).

Otras organizaciones, como la Fundación de la Memoria Urbana y la Fundación Arquitectura y Ciudad, reiteran las referencias del IPC, pero sin aportar nuevas descripciones precisas. Además, fuentes en línea, como Benjamín Sánchez Mujica y SOS Brutalism, mencionan erróneamente que la iglesia tiene una cubierta de solo dos paraboloides (SOS Brutalism, n.d.).

Esta falta de precisión sugiere que las complejidades geométricas del edificio no se han representado ni analizado adecuadamente. Esto resalta la necesidad de utilizar herramientas avanzadas, como modelos 3D y proyecciones ortogonales, para una mejor comprensión y documentación de esta obra arquitectónica.

2. Estado de la cuestión

2.1 Edificaciones con *hypars*

La implementación de paraboloides hiperbólicos en arquitectura se popularizó durante los años 50 gracias al trabajo de Félix Candela, quien logró construir 896 de los 1,439 proyectos diseñados a nivel mundial (Moreyra Garlock & Billington, 2008; Tonda, 2000). Estas estructuras introdujeron una revolución geométrica en la arquitectura moderna, utilizando formas complejas como los *hypars*, que evolucionaron desde diseños simples hasta composiciones más sofisticadas mediante combinaciones y bordes rectos (Universidad Politécnica de Madrid, 2017-2018).

En México, algunos de los proyectos más representativos incluyen la Iglesia Nuestra Señora de la Soledad (1955), con una cubierta de *hypar* sobre planta romboidal, y la Iglesia de San José Obrero (1959), que empleó dos paraboloides en una planta triangular (García Dávalos, 2007; Manterola, 2010). A nivel internacional destacan la Capilla del Colegio de Santa María del Pilar (1959, Madrid), con un diseño octogonal irregular, y la Sinagoga Bet El (1964, Barranquilla), que incorporó un *hypar* inclinado sobre una planta hexagonal (Moya Blanco & Domínguez Salazar, 1960).

En Venezuela, el uso de estas estructuras fue limitado. Según Páez (2011, 2015), las construcciones de doble curvatura fueron escasas, destacándose únicamente la Iglesia Santísima Trinidad (1969), diseñada con cuatro *hypars*, y la Sede del Colegio de Médicos del Zulia (1964), con una cubierta simétrica de ocho *hypars* (Vera, 2016). Estos ejemplos representan los pocos casos en los que se integraron paraboloides hiperbólicos al concreto armado, subrayando la falta de tradición en este tipo de técnicas constructivas en el país.

2.2 Herramientas: Proyección ortogonal y modelos 3D para visualizar

El uso de herramientas como los modelos 3D y las proyecciones ortogonales ha demostrado ser clave para mejorar la visualización y el entendimiento de objetos tridimensionales en proyectos arquitectónicos.

Modelos 3D: Los modelos 3D permiten una comprensión técnica más profunda de las estructuras arquitectónicas al facilitar análisis detallados, simulaciones de cambios y una documentación más efectiva del diseño (Cumino, Pavignano & Zich, 2023). Además, los conceptos de escala y representación introducidos por este tipo de modelización ayudan a evitar problemas asociados con perspectivas limitadas, según Casale (2017). Esta idea remonta a León Battista Alberti, quien en su tratado Sobre el arte de construir subrayó el valor de los modelos físicos a escala como herramientas para conceptualizar diseños arquitectónicos (Smith, 2004).

Proyecciones Ortogonales: El dibujo tridimensional mediante proyecciones ortogonales ofrece una representación precisa de las dimensiones y relaciones espaciales, permitiendo reconstruir la geometría de formas complejas, como parábolas y curvas, a través de múltiples planos de proyección (Ching & Juroszek, 2010; Cumino, Pavignano & Spreafico, 2021). Esto no solo facilita la visualización, sino también el modelado mental y la exploración táctil del diseño. Según Leonardis (2016), estas proyecciones son fundamentales para definir la geometría en el diseño arquitectónico real al evaluar *posición, volumen, dimensiones y proporciones.*

Sistemas CAD y SolidWorks: Con la revolución informática, los sistemas CAD se consolidaron como herramientas clave para el modelado tridimensional y las proyecciones ortogonales, aunque enfrentan limitaciones en la generación de superficies de doble curvatura compleja (Mark, 1999). SolidWorks destaca como una alternativa eficaz, capaz de modelar curvas geométricas complejas y producir proyecciones ortogonales precisas. Su potencial ha sido explorado en áreas como la estructuración de modelos arquitectónicos basados en componentes mecánicos (Yuqing, Jing & Xiaoyan, 2009), simulaciones de procesos constructivos (Yuqing et al., 2009), análisis de técnicas tradicionales en la Gran Muralla China (Yang et al., 2017) y animaciones dinámicas de cuerpos rígidos (Akharas, Hennessey & Tornoe, 2020).

3. Metodología

El análisis y definición se estructuró en tres fases:

- Revisión bibliográfica y planimétrica: Se recopilaron los documentos existentes, incluyendo descripciones generales y parte de los planos, para establecer un punto de partida.
- Modelado 3D con SolidWorks: Este software permitió generar modelos precisos de los paraboloides y extraer proyecciones ortogonales actualizadas. SolidWorks destaca por su capacidad para manejar curvas de gran complejidad geométrica, proporcionando una base sólida para la ampliación de la planimetría existente (SolidWorks, 2022).
- Análisis arquitectónico y geométrico: El material conseguido con la nueva representación permitió reconocer y estudiar con mayor acierto las interacciones estructurales y espaciales del edificio; se hizo énfasis en los detalles constructivos de la cubierta y sus lucernarios.

3.1. Revisión bibliográfica y planimétrica

En 1963 comenzaron las conversaciones para la construcción de un templo en la urbanización Prados del Este, Caracas. Un terreno de 4.200 m^2 fue asignado en 1964 a la Sociedad de San Edmundo, liderada por el reverendo Lawrence F. Lyons. Posteriormente, el templo fue denominado Iglesia de la Santísima Trinidad. El diseño arquitectónico estuvo a cargo de Andrés E. Betancourt Silva y José Antonio Ron Pedrique, en colaboración con los sacerdotes Lyons y Edward Dubriske, quienes participaron en la distribución de la planta (Dubriske, 2023). Los cálculos estructurales fueron realizados por los ingenieros Omar Sotillo Parilli y Frederick Klindt Mantellini, mientras que Lima & Rodríguez Soto S.A. y Augusto Mendoza gestionaron las instalaciones eléctricas. Aunque el diseño fue completado entre 1968 y 1969, la construcción finalizó en 1976.

El edificio destaca por tres elementos esenciales desde su origen: una cubierta de paraboloides hiperbólicos, cerramientos prefabricados que favorecen la iluminación y ventilación, y un vitral. La construcción de la cubierta fue un logro significativo en Venezuela, según Mantellini (2023), quien recordó que el vaciado continuo del hormigón se llevó a cabo durante un día y una noche, con obreros trabajando desde un andamiaje primario.

Desde 1964, la iglesia ha contado con diez sacerdotes de distintas nacionalidades y cuatro párrocos principales: Lawrence Lyons, Edward Dubriske, Marcel Rainville y Howard Muehlberger. Dubriske, quien sirvió por más de 46 años, aportó información clave para este estudio, destacando la importancia histórica y arquitectónica del templo.

Figura 1. Fotografía del encofrado de la cubierta (1969). Archivo Iglesia.

3.2. Modelado 3D con SolidWorks

Se presenta un procedimiento para modelar, extraer geometrías y generar vistas ortogonales utilizando el software SolidWorks, una herramienta ideal para gestionar geometrías complejas con alta precisión. Este programa ofrece cuatro características clave: su capacidad paramétrica para crear curvas complejas, la vinculación y modificación dinámica de dimensiones, la visualización eficiente gracias a su motor gráfico, y la generación precisa de vistas ortogonales y planos constructivos actualizados.

Fases del Procedimiento

- Planimetría: Debido a la ausencia de proyecciones básicas y a la complejidad de la cubierta, se simplificaron los dibujos iniciales. Esto permitió definir un marco de referencia claro para el modelado.
- Geometría: Se inició con una planta cuadrada de 28 x 28 metros, ubicada en el punto de origen. Por la simetría del edificio, se modeló un único elemento que luego se replicó mediante simetrías, optimizando el proceso.
- Estructura: El modelo se dividió en cinco componentes principales que fueron ensamblados posteriormente:
    - Forjados: Se trazaron perfiles para las losas.
    - Cubierta: Se generaron las cuatro vigas en 3D y se rellenaron para crear los *hypars*.
    - Envolvente: Las paredes opacas se extruyeron en altura y se añadieron brise-soleils mediante matrices lineales.
    - Desagües pluviales: Se modelaron elementos individuales replicados en una matriz circular.
    - Lucernarios: Se diseñaron de manera similar a los desagües.

- Ensamblaje: Los componentes se integraron en un archivo de ensamblaje para realizar descomposiciones y verificar su coherencia estructural.
- Proyecciones y Planos: Se generaron vistas ortogonales en SolidWorks, que luego se exportaron a CAD para un refinamiento final.

Este enfoque no solo facilita la comprensión de geometrías complejas, sino que también mejora la calidad de los planos constructivos y amplía las posibilidades de análisis arquitectónico mediante herramientas modernas como SolidWorks.

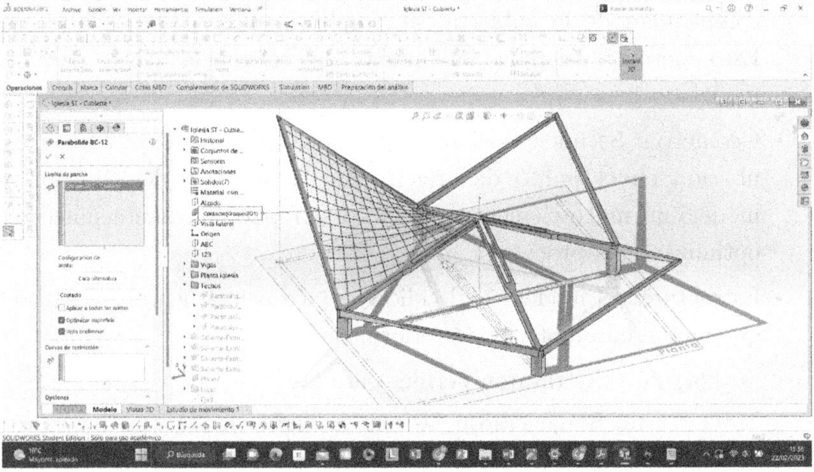

Figura 2. Archivo SolidWorks. Plano de la cubierta.

3.3. Análisis arquitectónico y geométrico

La Iglesia Santísima Trinidad, ubicada en la Urbanización Prados del Este de Caracas, presenta una estructura arquitectónica que se caracteriza por la integración de dos volúmenes claramente diferenciados: el espacio religioso y el de acceso. Con una base rectangular de 8,40 m x 8,10 m, el volumen de acceso se conecta con el cuerpo principal, cuya planta es cuadrada y mide 28 m x 28 m. Este espacio está cubierto por una estructura de paraboloides hiperbólicos que se despliega a lo largo de una cobertura de 784 m^2.

La geometría de la iglesia se organiza según un eje axial que atraviesa la diagonal de este espacio, orientado de oeste a este, y que articula las distintas áreas internas. El acceso principal se sitúa en la cota 965,45 m, con un recorrido que desciende hacia el área de los feligreses y culmina en el altar. Este eje axial también conecta las áreas complementarias, como el confesionario y el sagrario, situados respectivamente al norte y sur del edificio. Además, la iglesia dispone de dos accesos adicionales, uno al norte que lleva al estacionamiento y otro al sur que conecta con un jardín.

La estructura del edificio se divide en dos sistemas constructivos: el sistema de *hypars* de hormigón armado, y un sistema más tradicional de vigas y pilares. La cubierta, compuesta por cuatro paraboloides que descansan sobre cuatro pilares girados, genera una interacción geométrica entre las curvas de los *hypars* y los espacios vacíos que se aprovechan mediante lucernarios. El espesor de las vigas varía dependiendo de su ubicación, con vigas periféricas de 0,4m. de grosor y vigas centrales de 0,5 m, que se bifurcan en los voladizos para dar paso a un vacío de 0,5 m.

Los paraboloides de la iglesia, de dimensiones de 14 m x 14 m, se desarrollan en dos tipologías: tres de ellos tienen una altura de 8,5m. en sus vértices, mientras que el paraboloide que cubre el altar presenta una variación en altura, alcanzando los 15 m en uno de sus vértices. Esta diferencia en altura permitió la inclusión de un vitral en la esquina de la cubierta. Por su parte, el sistema tradicional de pilares y vigas en el módulo de acceso está compuesto por dos losas de concreto armado y una estructura de nueve pilares y cuatro vigas, con una losa de pavimento de 0,20 m de espesor, apoyada sobre pilotes *in situ*.

Esta integración de geometrías complejas y sistemas estructurales innovadores define la Iglesia Santísima Trinidad como un ejemplo destacado de la arquitectura del Movimiento Moderno en Venezuela, donde la investigación y el análisis de las formas geométricas, junto con el uso de materiales como el concreto armado, generan una obra que trasciende la simple funcionalidad para ofrecer una experiencia espacial única.

4. Resultados

1. Visualización arquitectónica: El modelo 3D permitió corregir y completar la planimetría, mejorando significativamente la comprensión de la geometría del edificio. Se lograron representaciones precisas de las curvaturas de los *hypars* y su interacción con los elementos estructurales.

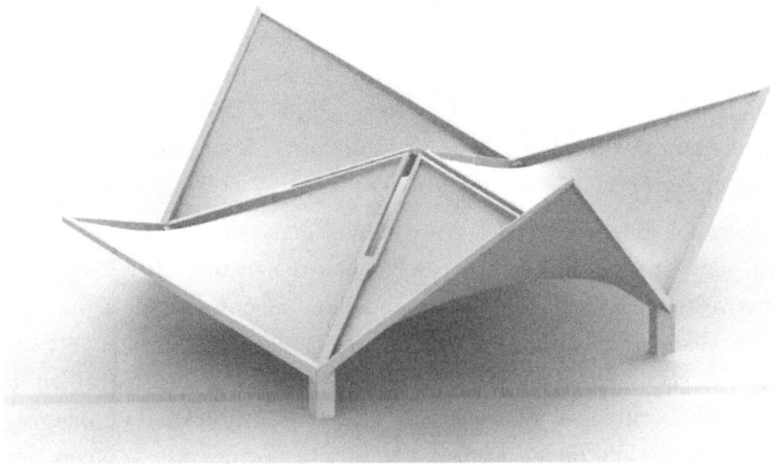

Figura 3. Render de la cubierta.

2. Análisis estructural y espacial: La cubierta se compone de cuatro paraboloides apoyados en pilares rotados. Dos de los *hypars* comparten vértices a 8,5m., mientras que los otros dos alcanzan alturas de hasta 15m. en un vértice, permitiendo la incorporación de vitrales y lucernarios.
3. Aplicaciones pedagógicas: La metodología utilizada destaca el potencial de SolidWorks como herramienta para la enseñanza de geometrías complejas en arquitectura, facilitando la transición de conceptos abstractos a soluciones concretas.

5. Conclusiones

El estudio consigue avanzar sobre las ventajas del uso de herramientas digitales como el programa SolidWorks, adecuado para ejecutar una representación planimétrica precisa. El alcance del programa permitió superar las limitaciones de la documentación original al abordar con facilidad el planteamiento de la geometría compleja de la cubierta del objeto en estudio. Este recurso digital no solo amplía las posibilidades de expresión gráfica y de comprensión arquitectónica de edificios similares a la Iglesia de la Santísima Trinidad, sino que también proporciona un marco metodológico aplicable a otros proyectos del Movimiento Moderno. La combinación del modelado en 3D unido a la generación de proyecciones ortogonales permite completar análisis geométricos precisos con planimetría actualizada. El nivel de detalle conseguido sobre el material documental de la edificación a través del SolidWorks facilita la aproximación al estudio del patrimonio arquitectónico para su conocimiento, puesta en valor y favorece el proceso para posibles actuaciones de conservación o de nuevas intervenciones sobre lo existente.

Referencias

Akharas, R., Hennessey, D., & Tornoe, A. (2020). Dynamic simulations in rigid body structures. *Journal of Architectural Engineering,* 26(4), 234-247.

Candela, F. (1963). *Structures of Form: The Art of Shell Architecture.* University of California Press.

Casale, L. (2017). *Mathematical Models in Architectural Representation.* Cambridge: Architectural Press.

Ching, F. D. K., & Juroszek, S. P. (2010). *Design Drawing.* Hoboken, NJ: Wiley.

Cumino, P., Pavignano, G., & Spreafico, R. (2021). *Geometric Strategies in Design Processes.* Milan: Springer.

Cumino, P., Pavignano, G., & Zich, C. (2023). *3D Modelling Techniques for Complex Geometry.* Turin: Politecnico di Torino.

DOCOMOMO Venezuela. (2008). *Catálogo de Patrimonio Cultural Venezolano: 2004-2008.* Caracas: Instituto de Patrimonio Cultural.

Dubriske, E. (2023). *Historia y aportes de la Iglesia Santísima Trinidad.*

García Dávalos, A. (2007). *Félix Candela: Su obra y legado.* México: UNAM.

Leonardis, S. (2016). *Geometric Precision in Design Processes.* London: Architectural Review Press.

Mantellini, F. K. (2023). *Entrevista sobre la construcción de la cubierta de la iglesia.*

Manterola, J. (2010). *Las estructuras de Candela.* Madrid: Fundación Juanelo Turriano.

Mark, S. (1999). CAD Limitations and Future Directions. *Digital Architecture Journal,* 15(2), 45-58.

Moreyra Garlock, M. E., & Billington, D. P. (2008). *Félix Candela: Engineer, builder, structural artist.* Princeton: Princeton University Press.

Moya Blanco, L., & Domínguez Salazar, J. A. (1960). *Estructuras modernas en Madrid.* Madrid: ETSAM.

Páez, R. G. (2011). *Innovación en estructuras de concreto en Venezuela.* Caracas: Fondo Editorial.

Páez, R. G. (2015). *Superficies complejas en la arquitectura moderna venezolana.* Caracas: Universidad Central de Venezuela.

Sánchez Mujica, B. (n.d.). *La Iglesia Santísima Trinidad en Caracas.* Retrieved from https://peakd.com/hive-178708/@besamu/eng-irregular-structure-of-the-holy-trinity-church-in-prados-del-este-caracas-espestructura-irregular-de-la-iglesia-la-santisima

Smith, R. (2004). *Leon Battista Alberti: Theory and Practice in Renaissance Architecture.* Princeton: Princeton University Press

SolidWorks. (2022). *Introduction to Parametric Modelling.* Dassault Systèmes.

SOS Brutalism. (n.d.). *Santísima Trinidad Church.* Retrieved from https://www.sosbrutalism.org

Universidad Politécnica de Madrid. (2017-2018). *Estudios sobre geometría arquitectónica.* Madrid: UPM.

Vera, M. (2016). *Patrimonio arquitectónico en Venezuela: Análisis y conservación.* Caracas: Editorial Simón Bolívar.

Yang, Z., Lu, H., & Wei, M. (2017). *Traditional Construction Techniques in the Great Wall of China.* Beijing: Chinese Architectural Press.

Yuqing, W., Jing, L., & Xiaoyan, Z. (2009). Mechanical Design Principles in Architectural Modelling. *Engineering Structures*, 28(6), 854-867.¶

Learning by Doing aplicat a la impressió 3D: fabricació d'un dispositiu mèdic mitjançant tècniques 3D de baix cost

Luis M. Delgado

Escola S. d'Enginyeries Industrial, Aeroespacial i Audiovisual de Terrassa

Departament d'Enginyeria Gràfica i de Disseny

Alejandro Portela, Xavier Marimon

Bioengineering Institute of Technology (BIT),

Universitat Internacional de Catalunya

Resum

L'ensenyament de la impressió 3D, el disseny i la robòtica en l'àmbit universitari mitjançant la metodologia Learning by Doing ha demostrat ser una estratègia eficaç per consolidar coneixements teòrics mitjançant experiències pràctiques. Aquest enfocament fomenta la creativitat, el pensament crític i les habilitats de resolució de problemes, tot millorant la motivació i el compromís dels estudiants. En el camp de l'enginyeria biomèdica, els estudiants van desenvolupar projectes pràctics com ortesis adaptades o dispositius mèdics. L'alumnat es va organitzar en equips, amb l'objectiu de crear solucions de baix cost, modulars i personalitzades. Aquests incloïen des de dispositius impresos en 3D fins a sistemes complexos controlats amb programació avançada. Els resultats mostren una millora significativa en les competències adquirides i un alt nivell de satisfacció. Tot i això, es van identificar reptes com la distribució desigual de tasques i la càrrega de treball elevada en alguns casos. Aquesta metodologia prepara els estudiants per afrontar un panorama tecnològic en evolució, especialment en el camp dels dispositius mèdics.

Abstract

The teaching of 3D printing, design and robotics at university level through the Learning by Doing methodology has proven to be an effective strategy to consolidate theoretical knowledge through practical experiences. This approach encourages creativity, critical thinking and problem-solving skills, while improving student motivation and engagement. In the field of biomedical engineering, students developed practical projects such as adapted orthoses or medical devices. The students were organized in teams, with the aim of creating low-cost, modular and personalized solutions. These ranged from 3D-printed devices to advanced-programmed controlled complex systems. The results showed a significant improvement in the skills acquired and a high level of satisfaction. However, challenges such as the unequal distribution of tasks and the high workload in some cases were identified. This methodology prepares students to face an evolving technological panorama, especially in the field of medical devices.

———————————

1. Introducció

L'ensenyament de la impressió 3D, el disseny i la robòtica en l'àmbit universitari utilitzant una metodologia de Learning by Doing és un enfocament eficaç que involucra els estudiants en experiències pràctiques i aplicacions pràctiques dels conceptes teòrics. Aquest mètode, també conegut com a aprenentatge vivencial, involucra activament els estudiants en el procés d'aprenentatge, fent-lo més rellevant i significatiu (Ali & Thomas, 2024; Hsiao et al., 2019). Combinant aquestes tecnologies d'avantguarda amb un enfocament pràctic, els educadors poden crear un entorn d'aprenentatge dinàmic que fomenti la creativitat, el pensament crític i les habilitats de resolució de problemes.

En un marc d'aprenentatge per a la impressió 3D, el disseny i la robòtica, s'anima als estudiants a conceptualitzar i visualitzar els seus dissenys, desenvolupant el seu treball des d'esbossos inicials fins a objectes impresos en 3D completament realitzats i integrats dins de sistemes complexos (Hsiao et al., 2019). Aquest procés no només millora la intel·ligència espacial, sinó que també prepara els estudiants per a futurs reptes tecnològics (Abu Khurma, Ali & Swe Khine, 2023). Per a l'educació en robòtica, es pot implementar l'aprenentatge basat en projectes, i això permet als estudiants aplicar els seus coneixements a escenaris del món real i desenvolupar habilitats pràctiques (Fokides & Lagopati, 2024).

La integració de la impressió 3D i la robòtica en l'educació ofereix nombrosos beneficis. Proporciona als estudiants l'oportunitat de crear manipulatius únics que no es fabriquen fàcilment per altres mitjans, fomentant la innovació i la creativitat (Özeren et al., 2023). A més a més, aquest enfocament permet als estudiants realitzar les seves idees al principi del procés d'aprenentatge, que pot augmentar significativament la motivació i el compromís (Levatino, Ferrer-Esteban &Verger, 2024).

Per implementar aquesta metodologia de manera efectiva, les universitats poden estructurar cursos per incloure tant fonaments teòrics com aplicacions pràctiques. Per exemple, un curs pot començar amb una introducció al programari de modelatge 3D i a les tecnologies d'impressió, seguit de sessions pràctiques on els estudiants dissenyen i imprimeixen els seus propis objectes (Aslan & Çelik, 2022). De la mateixa manera, l'educació en robòtica pot incorporar lliçons de programació utilitzant plataformes com Arduino, seguides de la construcció i programació de robots reals (Ku, 2019; Lobato de Souza & Sato Elisiario, 2019).

Mitjançant l'adopció d'un enfocament d'aprenentatge per a l'ensenyament de la impressió 3D, el disseny i la robòtica, les universitats poden preparar als estudiants per al panorama tecnològic en ràpida evolució com el camp dels dispositius mèdics, dotant-los de les habilitats i l'experiència necessàries per a l'èxit en les seves futures carreres.

2. Justificació i objectius

L'objectiu principal era introduir l'aprenentatge basat en la metodologia Learning by Doing al camp de la impressió 3D i els dispositius mèdics. Aquest projecte es va aplicar a l'assignatura obligatòria Biomedical Systems Prototyping Lab (PROT), de tercer curs de Bioenginyeria. Aquesta estratègia buscava reforçar els resultats d'aprenentatge i les competències dels estudiants, alhora que es mantenia la seva motivació sense incrementar la càrrega de treball de l'assignatura.

A més a més, es plantejava un objectiu secundari per als estudiants que cursen l'assignatura optativa Robotic and Computation 2 (CBR2) del mateix curs, amb l'objectiu de proporcionar eines que reforcin les competències adquirides.

3. Metodologies

El canvi a la metodologia docent va consistir en un aprenentatge basat en projecte que conduïa 24 hores lectives a l'assignatura de PROT, més 30 hores a CBR2 per uns grups en concret. Els projectes consistien a adaptar i fabricar mitjançant tècniques 3D un dispositiu mèdic adaptat a cada pacient. Aquest projecte es treballava en grups de 3-4 persones i servien de fil conductor per les diferents "càpsules" de coneixement de 8 sessions (3 hores/sessió) que podien aplicar al projecte i, també, aplicar coneixements d'altres assignatures prèvies.

Els equips tenien 3 premisses per desenvolupar el projecte: baix cost, modular per poder substituir components malmesos i que incorporar alguna característica que pugui canviar la perspectiva del pacient de portar una pròtesi (per exemple, funcionalitat extra, colors que recordin al personatge o superheroi/na preferit/da del pacient...). La temàtica dels projectes tenien matisos diferents en funció si l'alumnat estava matriculats a l'optativa CBR2.

Si no estava matriculat a CBR2, el projecte es basava en adaptar i fabricar una ortesi per extremitat superior del projecte e-NABLE (una comunitat global en xarxa per dissenyar i fabricar pròtesis de baix cost) (Thomas & Muñecas, 2023). Aquests equips es focalitzaven en l'adaptació de la pròtesi a un pacient tipus, en fabricar mitjançant impressió 3D cada peça i fer l'assemblatge final.

Si estava matriculat a CBR2, el projecte era transversal entre assignatures. La temàtica la decidien cada equip consensuat amb l'equip docent, exemples del curs passat eren: respirador artificial, exoesquelet per extremitats inferiors i pròtesis per extremitat superior controlades per veu o per impulsos electromiogràfics. A PROT, els equips dissenyaven i fabricaven el dispositiu adaptant-se als motors i controladors disponibles al mercat, amb especial atenció a la interfase humà-màquina. A CBR2, els equips dissenyaven els controladors i programaven el programari mitjançant tècniques lliures (Arduino...) o avançades (Machine Learning...).

4. Resultats

4.1. Projectes desenvolupats pels estudiants

Els projectes desenvolupats per l'alumnat van mostrar diferències significatives en funció de si estaven matriculats o no a l'assignatura CBR2. Els grups no matriculats van treballar en el disseny d'ortesis per a extremitats superiors, abordant dos enfocaments diferenciats (Figura 1):

1. Projectes centrats en l'estètica, prioritzant l'adaptació a infants.
2. Projectes enfocats en el desenvolupament mecànic i la selecció de materials, amb l'objectiu principal de garantir la funcionalitat de l'ortesi.

En canvi, l'alumnat matriculat a CBR2 va treballar a projectes on havia d'integrar disseny, fabricació i robòtica (Figura 2). Alguns exemples de projectes són ortesis electrònica controlada per

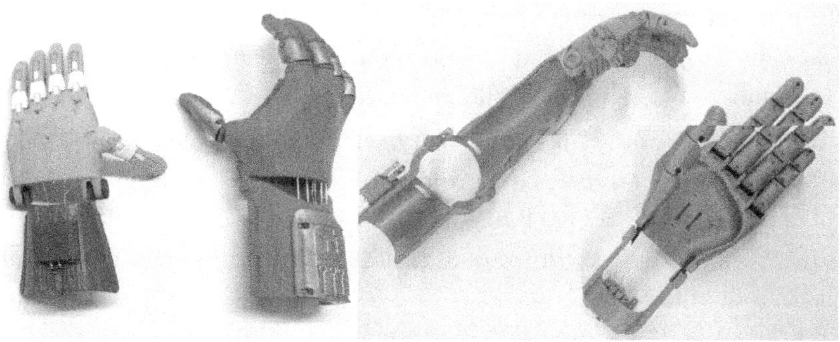

Figura 1. Exemple de projectes desenvolupats per alumnat que no estava matriculat a CBR2. Esquerra, projectes on l'estètica adaptada a infant és la prioritat. Dreta, projectes on el desenvolupament mecànic i la selecció de materials són les característiques principals.

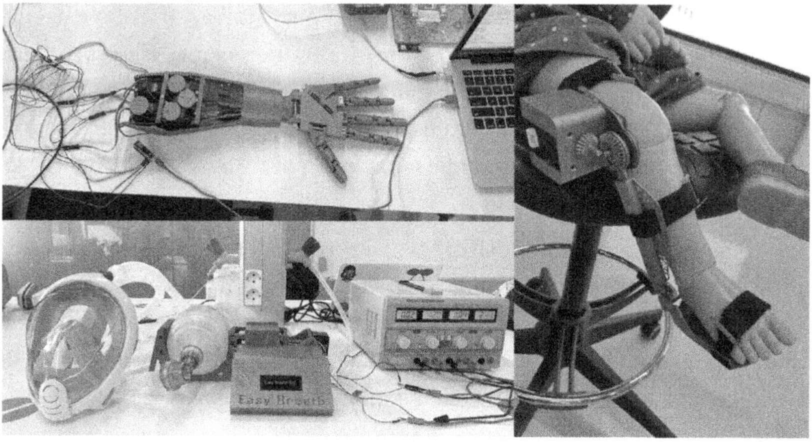

Figura 2. Exemple de projectes desenvolupats per alumnat que sí que estava matriculat a CBR2. Esquerra-superior, exemple de pròtesis electrònica controlava per comandament de veu. Esquerra-inferior, respirador programable de baix cost. Dreta, exoesquelet per extremitat inferior controlat per estímuls mioelèctric (estímul elèctric del múscul) del propi pacient.

comandament de veu, respirador programable de baix cost o un exoesquelet per extremitat inferior controlat per estímuls mioelèctric (estímul elèctric del múscul) del mateix pacient.

Tots els projectes tenien un component de desenvolupament i codi obert, per tant, les dades del projecte es van compartir a un repositori obert Git (https://github.com/roboticsuic). Així facilitant, la distribució, el control de revisió i l'administració del codi obert amb usuaris de tot el món.

4.2. Anàlisis de les enquestes específiques

Seguidament, es resumeixen les respostes de l'alumnat en funció del grup (amb o sense CBR2) i el global del curs. Els resultats clarament indiquen un alt nivell de satisfacció general, motivació, aprenentatge de coneixement i competències... La màxima diferència entre grups és la sensació en l'assistència dels professors. Respecte a la càrrega de feina, l'aprenentatge basat en projectes pot arribar a sobrecarregar l'alumnat i els dos grups també mostren diferències. El grup sense CBR2 indica una càrrega de feina semblant amb altres assignatures resolució de dubtes entre iguals encara pot millor. El grup amb Robòtica indica una càrrega de feina per sobre de la mitjana de les altres assignatures.

L'esforç del grup amb CBR2 es veu reflectit al resultat de cada projecte, tècnicament arribant o superant el nivell esperat a un TFG per exemple. A més a més, aquest sobreesforç podria estar relacionat amb un dels comentaris de l'enquesta on s'indica que van haver de treballar per altres companys menys motivats.

Respecte a una avaluació més objectiva de l'eficiència del canvi, es va observar un increment de la nota global de més de 1.2 punts (no estadísticament significativa per la desviació a la nota del curs anterior al canvi). Tots els apartats de l'enquesta de la Universitat van estar per sobre de 4.5 de 5 (mitjà 4.8) i l'enquesta específica mostra un alt

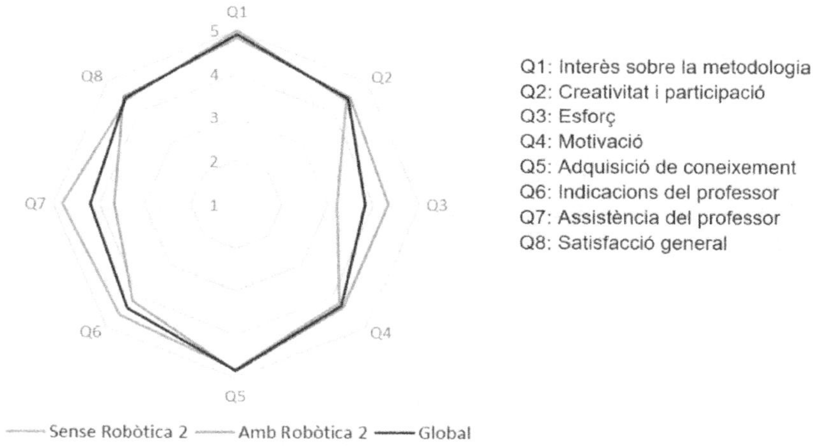

Figura 3. Resum de les respostes de l'alumnat en funció del grup (amb o sense CBR2) i el global del curs. Valors propers a 5 indiquen molt d'acord o sempre, metre valors propers a 1 indiquen molt en desacord o mai.

nivell de satisfacció amb la metodologia, alta motivació i bona percepció de l'aprenentatge de contingut i competències.

4.3. Difusió dels resultats

Un aspecte destacable del projecte ha estat la participació activa dels estudiants de l'assignatura CBR2 en l'organització de l'Arduino Day. Aquesta jornada va incloure una mostra dels projectes desenvolupats a l'assignatura, així com diversos tallers divulgatius (workshops) impartits pels mateixos estudiants.

La difusió de l'esdeveniment va tenir un gran impacte gràcies a la promoció a través de les xarxes socials oficials d'Arduino, que compten amb més de 600.000 seguidors. Aquesta visibilitat no només va fer valdre el treball fet pels estudiants, sinó que també va contribuir a divulgar el potencial educatiu i tecnològic del projecte entre una àmplia comunitat internacional.

5. Discussió

La millora més important ha estat que l'alumnat es va fer protagonista de l'aprenentatge i va aprendre practicant els continguts. El canvi va aportar millores a l'adquisició de competències específiques i transversals, per exemple, a quatre setmanes del final del projecte, l'alumnat va presentar els seus projectes en desenvolupament en una exhibició oberta a tothom per mostrar el progrés dels diferents projectes. El canvi també va millorar la coordinació entre assignatures del mateix semestre, es van fer sessions conjuntes dels tres professors amb els diferents equips.

Actualment, només s'ha pogut realitzar un curs i les enquestes van ser favorables. Com a fruit de la motivació dels diferents equips, els projectes van superar o es van aproximar als coneixements i el volum de treball d'un TFG, i en realitzar-se en grup, la càrrega va ser menor per la majoria dels grups. Cal remarcar que els resultats d'aprenentatge van ser molt desiguals. Els estudiants es van repartir les tasques i van acabar dominant la part de les seves tasques i, per tant, s'hauria de revisar els criteris d'avaluació per a pròximes repeticions d'aquesta metodologia.

6. Conclusions

La utilització de la metodologia *Learning by Doing* en l'ensenyament de la impressió 3D, el disseny i la robòtica a nivell universitari ha demostrat ser una estratègia eficaç per millorar els resultats d'aprenentatge, fomentar la motivació i reforçar les competències tant específiques com transversals dels estudiants. Aquest enfocament ha permès als estudiants implicar-se activament en el procés d'aprenentatge mitjançant experiències pràctiques i projectes realistes, assegurant que els conceptes teòrics es consolidin a través de la seva aplicació directa. Els resultats del projecte mostren fortaleses com la participació activa de l'alumnat, la col·laboració, la integració interdisciplinària, l'impacte i la difusió. Tot i els èxits obtinguts, es van identificar alguns reptes a afrontar en futurs cursos com la distribució desigual de tasques i la revisió de la càrrega de treball elevada. Per al futur, es recomana continuar aquesta metodologia amb ajustos en els criteris d'avaluació i un seguiment més equitatiu de les tasques dins dels equips.

Referències

Ali, R., & Thomas, D. (2024). Innovative 3D Printing Integration in IS Education: A Case Study of Experiential Learning. *Journal of Information Technology Education: Innovations in Practice*, 23, 016. https://www.informingscience.org/Publications/5396

Aslan, A., & Çelik, Y. (2022). A liteature review on 3D printing technologies in education. *International Journal of 3D Printing Technologies and Digital Industry,* 6(3), 592–613. http://dergipark.org.tr/en/doi/10.46519/ij3dptdi.1137028

Fokides, E., & Lagopati, G. (2024). The Utilization of 3D Printers by Elementary-Aged Learners: A Scoping Review. *Journal of Information Technology Education: Innovations in Practice*, 23, 006. https://www.informingscience.org/Publications/5288

Hsiao, H.-S. et al. (2019). Using 3D Printing Technology with Experiential Learning Strategies to Improve Preengineering Students' Comprehension of Abstract Scientific Concepts and Hands-on Ability. *Journal of Computer Assisted Learning,* 35(2), 178–87. https://onlinelibrary.wiley.com/doi/10.1111/jcal.12319

Ku, J.-H.. (2019). A Study on Teaching and Learning Model of Undergraduate Coding Education Using Arduino. *International Journal of Advanced Science and Technology,*130, 69–78. http://article.nadiapub.com/IJAST/Vol130/pdf/7.pdf

Kurma, O. A., Ali, N., & Khine, M. S. (2023). Exploring the Impact of 3D Printing Integration on STEM Attitudes in Elementary Schools. *Contemporary Educational Technology,* 15(4), ep458. https://www.cedtech.net/article/exploring-the-impact-of-3d-printing-integration-on-stem-attitudes-in-elementary-schools-13568

Levatino, A., Ferrer-Esteban, G., & Verger, A. (2024). Unveiling Teachers' Work Preferences: A Conjoint Experiment on the Implications of School Governance Reform across Three Countries. *Teaching and Teacher Education*, 146, 104631. https://linkinghub.elsevier.com/retrieve/pii/S0742051X2400163X

Lobato de Souza, T., & Larissa Sato, E. (2019). Educational Robotics Teaching with Arduino and 3D Print Based on Stem Projects. In 2019 *Latin American Robotics Symposium (LARS), 2019 Brazilian Symposium on Robotics (SBR) and 2019 Workshop on Robotics in Education (WRE), IEEE*, 407–10. https://ieeexplore.ieee.org/document/9018571/

Özeren, Ö., Özeren, E. B., Top, S. M., & Qurraie, B. S. (2023). Learning-by-Doing Using 3D Printers: Digital Fabrication Studio Experience in Architectural Education. *Journal of Engineering Research*, 11(3), 1–6. https://linkinghub.elsevier.com/retrieve/pii/S2307187723001438

Thomas, A., & Muñecas, T. (2023). A Rehabilitation Protocol for the Use of a 3D-Printed Prosthetic Hand in Pediatrics: A Case Report." *Journal of Hand Therapy*, 36(4), 967–73. https://linkinghub.elsevier.com/retrieve/pii/S0894113022001065¶

Bridging the Generalization Gap in Wildfire Detection

Ismail El-Madafri, Noelia Olmedo-Torre

Escola d'Enginyeria de Barcelona Est.

Departament d'Enginyeria Gràfica i de Disseny

Marta Peña

Escola Tècnica Superior d'Enginyeria Industrial de Barcelona

Departament de Matemàtiques

Resum

Els incendis forestals són un repte global creixent, impulsat pel canvi climàtic i l'activitat humana, amb impactes devastadors sobre els ecosistemes, les economies i les vides humanes. La detecció precoç és crucial per mitigar aquests efectes, però els models actuals d'aprenentatge profund sovint tenen dificultats per generalitzar en condicions ambientals diverses. Aquesta comunicació presenta el context i els objectius del nostre estudi en curs, que se centra a comprendre com els models es comporten en transicions entre conjunts de dades diferents. Per abordar aquest repte, proposem un mètode innovador que millora la generalització aprofitant tècniques d'adaptació de dominis i aprenentatge per transferència. En reduir la bretxa entre conjunts de dades com DeepFire i Wildfire, busquem millorar la robustesa i l'adaptabilitat dels models, contribuint al desenvolupament de sistemes de detecció d'incendis forestals escalables i fiables que puguin afrontar millor aquesta urgent amenaça global.

Abstract

Wildfires are an escalating global challenge, driven by climate change and human activity, with devastating impacts on ecosystems, economies, and human lives. Early detection is critical to mitigate these effects, yet current deep learning models often struggle to generalize across diverse environmental conditions. This communication gives the context and objectives of our ongoing study, which focuses on understanding how models perform when transitioning from one dataset to another. To address this challenge, we propose a novel method that improves generalization by leveraging domain adaptation and transfer learning techniques. By bridging the gap between datasets such as DeepFire and Wildfire, we aim to enhance model robustness and adaptability, contributing to the development of scalable and reliable wildfire detection systems that can better address this pressing global threat.

———————

1. Some context

Wildfires are an escalating global concern, with their frequency and severity increasing due to factors such as climate change, land use changes, and human activities [1, 2]. These events devastate ecosystems, threaten human lives, and cause significant economic losses, with billions of dollars spent annually on suppression, recovery, and rebuilding efforts. Moreover, wildfires contribute to air pollution, emitting large amounts of carbon dioxide and other harmful pollutants [3].

Early detection of wildfires is crucial for mitigating their impact, enabling faster responses that can prevent small fires from escalating into large-scale disasters [4]. Traditional fire detection methods, such as ground-based observation, conventional satellite imagery, and sensor networks, have long been integral to wildfire management [4]. However, these approaches often face significant limitations, including delayed detection, challenges in identifying small fires, and difficulties in monitoring remote areas [5, 6]. These shortcomings increase the risk of extensive habitat destruction, ecosystem disruption, and serious health hazards caused by smoke and pollutants.

Recent advancements in technology, particularly in computer vision and machine learning, have revolutionized wildfire detection systems. Modern approaches leverage deep learning models to analyze vast amounts of visual data from aerial imagery, satellite feeds, and real-time drone footage [7]. These models excel at identifying fire signatures—such as smoke, flames, and thermal anomalies—even in challenging conditions [8]. Convolutional neural networks (CNNs) [9] have shown significant promise in automating wildfire detection by recognizing complex patterns associated with fire outbreaks. Furthermore, the integration of drones equipped with high-resolution cameras and AI-powered detection algorithms enhances real-time monitoring capabilities, allowing effective surveillance of large, hard-to-access areas [8].

2. The challenge of generalization: Unlocking the potential of machine learning in wildfire detection

While technological advancements in deep learning have significantly enhanced wildfire detection capabilities, a critical challenge remains: how to ensure that models trained in one dataset can reliably perform in entirely new environments? This challenge lies at the heart of the field's progress, as the true value of these systems depends on their ability to generalize beyond the controlled conditions of their training data.

The complexity of forest environments intensifies this challenge. Variations in lighting throughout the day, seasonal changes in vegetation, and unpredictable environmental factors such as weather, shadows, and occlusions from foliage create an intricate and ever-changing visual landscape [10]. These factors introduce ambiguity, making it increasingly difficult for models to consistently identify wildfire signatures amidst a backdrop of non-fire elements. For instance, a fire detected in a densely forested area with bright sunlight may appear vastly different from one in a foggy or shadowed region.

3. The generalization gap: A barrier to real-world applicability

A major contributor to this challenge is the limited diversity of existing wildfire detection datasets [11]. Most datasets are geographically or environmentally constrained, capturing only a fraction of the variability encountered in real-world scenarios. Even when datasets include images from diverse locations, as is the case with DeepFire and Wildfire, models trained on DeepFire struggle to maintain their performance when evaluated on the Wildfire dataset.

This discrepancy, commonly referred to as "overfitting," underscores a pressing limitation: models that excel on their training datasets often falter when applied to unfamiliar, even if conceptually similar, contexts [12]. Another contributing factor to this challenge is that the Wildfire dataset is intentionally designed to include difficult-to-interpret images and confounding elements, such as smoke from non-fire sources and challenging lighting conditions, which increase the likelihood of misclassification.

Bridging this gap requires a fundamental rethinking of how wildfire detection systems are trained, validated, and deployed. Addressing this issue involves not only improving dataset diversity and quality but also developing advanced techniques to enhance model robustness and adaptability across diverse and unpredictable scenarios.

4. Generalization as a scientific frontier

The question of generalization extends far beyond wildfire detection, touching on some of the most important challenges in artificial intelligence and machine learning. How can we build systems that adapt seamlessly to new and unseen data while retaining the precision and reliability of their original training? For wildfire detection, the stakes are particularly high: failures to generalize can lead to missed fires, false alarms, and inefficient allocation of critical resources [13].

Our study focuses on unraveling this critical challenge by evaluating how well models trained on one dataset perform on another. This dual-dataset validation approach not only sheds light on the weaknesses of current methodologies but also opens the door to new solutions for enhancing robustness and adaptability.

5. Charting a path forward: Enabling robust generalization

To address these challenges, our study explores innovative strategies aimed at overcoming the limitations of dataset diversity and model adaptability:

1. Dataset Enrichment: We emphasize the need for datasets that capture the full spectrum of environmental conditions, including diverse lighting, weather, and vegetation patterns. These datasets must also account for confounding elements, such as smoke from non-fire sources, reflections, and fog, which often lead to false positives.
2. Synthetic Data Augmentation: By leveraging generative models such as Generative Adversarial Networks (GANs), it is possible to create artificial images that simulate underrepresented scenarios. These synthetic datasets complement real-world data, providing models with exposure to conditions they might not encounter during traditional training.
3. Advanced Transfer Learning [14]: Incremental Domain-Specific Transfer Learning (IDSTL), a core focus of our study, progressively adapts models across intermediate datasets, enabling them to transition smoothly from general to highly specific domains. This method has demonstrated significant promise in closing the generalization gap between datasets like DeepFire and Wildfire.

6. Toward a new standard for wildfire detection

The implications of studying generalization extend beyond improving model performance. Addressing this challenge enhances our understanding of how AI systems can be designed to adapt and function effectively in diverse and complex environments. This work contributes to advancing wildfire detection systems toward greater reliability and robustness, with potential applications in related fields such as disaster response and environmental monitoring.

By focusing on generalization as a key challenge, this study emphasizes the importance of moving beyond isolated performance metrics to consider broader questions of adaptability and applicability in real-world scenarios. Our aim is to advance the development of models capable of supporting efforts to mitigate the impact of wildfires on ecosystems, economies, and human lives.

References

1. Wasserman, T.N., & Mueller, S.E. (2023). Climate influences on future fire severity: a synthesis of climate-fire interactions and impacts on fire regimes, high-severity fire, and forests in the western United States. *Fire Ecol*, 19, 43. https://doi.org/10.1186/s42408-023-00200-8

2. Carta, F., Zidda, C., Putzu, M., Loru, D., Anedda, M., & Giusto, D. (2023). Advancements in Forest Fire Prevention: A Comprehensive Survey. *Sensors*, 23(14), 6635. https://doi.org/10.3390/s23146635

3. Robinne, F.N. (2021). Impacts of disasters on forests, in particular forest fires, pp. 1-66. UNFFS background paper. https://www.un.org/esa/forests/wp-content/uploads/2021/08/UNFF16-Bkgd-paper-disasters-forest-fires_052021.pdf

4. Carta, F., Zidda, C., Putzu, M., Loru, D., Anedda, M., & Giusto, D. (2023). Advancements in Forest Fire Prevention: A Comprehensive Survey. *Sensors*, 23(14), 6635. https://doi.org/10.3390/s23146635

5. Mohapatra, A., & Trinh, T. (2022). Early Wildfire Detection Technologies in Practice Review. *Sustainability*, 14, 12270. https://doi.org/10.3390/su141912270

6. Muhammad, K., Ahmad, J., & Baik, S.W. (2018). Early fire detection using convolutional neural networks during surveillance for effective disaster management. *Neurocomputing*, 288, 30–42. https://doi.org/10.1016/j.neucom.2017.04.083

7. Diaconu, B.M. (2023). Recent Advances and Emerging Directions in Fire Detection Systems Based on Machine Learning Algorithms. *Fire*, 6, 441. https://doi.org/10.3390/fire6110441

8. Abramov, N., Emelyanova, Y., Fralenko, V., Khachumov, V., Khachumov, M., Shustova, M., & Talalaev, A. (2024). Intelligent Methods for Forest Fire Detection Using Unmanned Aerial Vehicles. *Fire*, 7(3), 89. https://doi.org/10.3390/fire7030089

9. LeCun, Y., Bengio, Y., & Hinton, G. (2015). Deep learning. *Nature*, 521, 436–444.

10. El-Madafri, I., Peña, M., & Olmedo-Torre, N. (2023). The Wildfire Dataset: Enhancing Deep Learning-Based Forest Fire Detection with a Diverse Evolving Open-Source Dataset Focused on Data Representativeness and a Novel Multi-Task Learning Approach. *Forests*, 14(9), 1697. https://doi.org/10.3390/f14091697

11. E. R. Lines et al., (2022). AI applications in forest monitoring need remote sensing benchmark datasets. *2022 IEEE International Conference on Big Data (Big Data)*, Osaka, Japan, pp. 4528-4533. https://doi.org/10.1109/BigData55660.2022.10020772

12. El-Madafri, I., Peña, M., & Olmedo-Torre, N. (2024). Dual-Dataset Deep Learning for Improved Forest Fire Detection: A Novel Hierarchical Domain-Adaptive Learning Approach. *Mathematics*, 12(4), 534. https://doi.org/10.3390/math12040534

13. El-Madafri, I., Peña, M., & Olmedo-Torre, N. (2024). Real-Time Forest Fire Detection with Lightweight CNN Using Hierarchical Multi-Task Knowledge Distillation. *Fire*, 7(11), 392. https://doi.org/10.3390/fire7110392

14. El Madafri, I., Peña Carrera, M., & Olmedo Torre, N. (2023). Applying artificial intelligence models for the automatic forest fire detection. A: *Avenços en recerca i desenvolupament del Departament d'Enginyeria Gràfica i de Disseny.* OmniaScience, p. 95-104. ISBN 978-84-126475-1-8. https://doi.org/10.3926/ege2023

Com es pot utilitzar la psicologia transpersonal i la cosmologia indígena per a transformar l'experiència de co-disseny per ser més conscient i regenerativa?

Sílvia Escursell

CELBIOTECH Paper Engineering Research Group

Departament d'Enginyeria Gràfica i de Disseny

Pere Llorach-Massana

Elisava, Escola Universitària de Disseny i Enginyeria de Barcelona

M. Blanca Roncero

CELBIOTECH Paper Engineering Research Group

Departament d'Enginyeria Gràfica i de Disseny

Resum

En aquest article es proposa una metodologia per al co-disseny basada en una visió més holística i transdisciplinària, que introdueixi innovacions en la fase de disseny amb l'objectiu de fer-la més conscient i regenerativa. Aquesta proposta busca demostrar com les contribucions de les escoles de pensament humanista, com la psicologia humanista i transpersonal, així com la recuperació de la saviesa i les pràctiques associades a la cosmovisió indígena, poden ajudar a aconseguir innovacions en el disseny d'envasos més sostenibles i socialment responsables. Per tal de validar aquesta metodologia, es van dur a terme una sèrie de tallers en diverses universitats, aportant evidència empírica per avaluar-ne l'efectivitat. A més, es va explorar l'experiència transpersonal a través de la idea de *rewilding materials*, mitjançant una immersió directa a la selva i la convivència amb comunitats indígenes de l'Equador. El document conclou que integrar nous llenguatges amb els materials, explorar la percepció sensorial i combinar la intuïció amb la racionalitat, inspirant-nos en la natura i fomentant una connexió profunda amb el nostre ésser, permet adoptar un enfocament més crític, solidari i creatiu. Aquesta perspectiva pot ser clau per repensar l'envàs responsable i desenvolupar noves propostes de materials i processos de producció regeneratius i respectuosos en el futur.

Abstract

This article proposes a methodology for co-design based on a more holistic and transdisciplinary vision that introduces innovations in the design phase with the aim of making it more conscious and regenerative. This proposal seeks to demonstrate how the contributions of humanistic schools of thought, such as humanistic and transpersonal psychology, as well as the recovery of wisdom and practices associated with the indigenous worldview, can contribute to innovations in the design of more sustainable and socially responsible packaging. To validate this methodology, a series of workshops were conducted at several universities, providing empirical evidence to assess its effectiveness. In addition, the transpersonal experience was explored through the idea of rewilding materials, through direct immersion in the jungle and coexistence with indigenous communities in Ecuador. The paper concludes that integrating new languages with materials, exploring sensory perception and combining intuition with rationality, drawing inspiration from nature and fostering a deep connection with our being allows us to adopt a more critical, supportive and creative approach. This perspective may be the key to rethinking responsible packaging and developing new proposals for more sustainable and respectful materials and production processes in the future.

----

1. Introducció: Anar més enlla de la psicologia humanista en disseny

La psicologia transpersonal ha anat més enllà de la psicologia humanista, segons Stanislav Grof (Grof, 2008), perquè integra llenguatges i perspectives provinents d'altres cultures, com ara la cosmologia indígena. Aquest enfocament promou una consciència ampliada a través d'experiències personals que permeten connectar més profundament amb la pròpia intel·ligència, la intuïció, i, en última instància, amb la capacitat de comprendre i aprofundir en el significat de les coses. Aquesta exploració es duu a terme des d'una energia i connexió profunda amb l'ésser, transcendint els límits de la psicologia acadèmica (Blay Fontcuberta, 2016). Aquest plantejament troba una analogia en el camp del disseny. Per exemple, la Bauhaus, l'escola d'art i disseny fundada a Alemanya el 1919 per Walter Gropius, va seguir els principis fonamentals de la psicologia humanista. Això incloïa l'aplicació de les lleis de la Gestalt, sota la influència de psicòlegs com Arnheim, Duncker i von Dürckheim el 1927, així com l'enfocament en l'experiència sensorial i l'experimentació amb materials. Tanmateix, aquesta disciplina no va saber explorar en profunditat la materialitat, fet que va conduir el disseny a la creació d'objectes superficials, condicionats per una alta demanda comercial i, sovint, responsables de productes insostenibles. Alguns investigadors han reinterpretat la teoria de la Gestalt no com una teoria científica autònoma vigent en el disseny actual, sinó com un conjunt de conceptes estretament vinculats als seus contextos socials, històrics i terapèutics (Jackson, 2008).

Aquesta recerca pretén anar més enllà del disseny funcional, en una primera fase es presenta una proposta empírica que aplica els principis de les escoles humanistes a la fase de disseny. No obstant això, després d'una experiència personal, es planteja una segona fase de la investigació, que proposa una metodologia basada en la integració de la psicologia transpersonal amb una cosmovisió indígena, incorporant així els valors de l'antropologia per orientar-se cap l'ecologia i el disseny regeneratiu.

Aquesta segona fase introdueix valors com l'harmonia, l'escolta, la contemplació, el cultiu dels sentits interiors. La idea és que, si ens coneixem millor com a éssers humans i cultivem la nostra consciència interior, podrem ser i crear amb més intenció i des del nostre centre.

Per aquest motiu, es proposa una metodologia de disseny transdisciplinari amb una perspectiva holística al llarg de tot el procés. Aquesta metodologia incorpora la psicologia transpersonal i el vincle amb les comunitats indígenes, promovent una aproximació que prioritza el respecte i la regeneració. Atès que tant la recerca com el disseny són activitats humanes, aquesta proposta convida a generar coneixement col·lectiu i a integrar diversos punts de vista, amb l'objectiu d'arribar a un disseny regenerador i respectuós.

1.1. Fase primera de la metodologia: Principis humanístics

En aquesta primera fase es va estudiar l'escola de pensament humanista i es va explorar diverses metodologies relacionades amb el disseny i el packaging. A continuació, es descriuen les principals aproximacions:

- Biodisseny: aquesta disciplina fusiona biologia i disseny per crear projectes sostenibles que harmonitzen natura i societat. Segons Roshko (2010), aquesta metodologia parteix de la identificació d'un problema, seguit de fases d'anàlisi, traducció i implementació. A més, la metodologia del Biodisseny inclou els processos d'identificar, inventar i implementar, desenvolupats pel *Stanford Byers Center of Biodesign* per a l'àmbit de la salut (Schwartz et al., 2016).
- Design Thinking: aquesta metodologia se centra en l'ésser humà, posant èmfasi en l'empatia amb els usuaris per identificar problemes i trobar solucions a través de l'observació des seus comportaments i la creació de prototips (Vokoun, 2017). Tot i això, ha estat criticada per (Baker, 2020) des d'un punt de vista feminista, que la considera individualista i influenciada per un mercat neoliberal. Segons aquesta crítica, el *Design Thinking* se centra en les necessitats humanes, desconnectant-se de la resta de la natura, i perpetua una visió pròpia del segle XX.
- Disseny centrat en el planeta: aquesta perspectiva proposa un pensament sistèmic per abordar la complexitat actual amb un enfocament crític, creatiu i innovador. Basat en la cocreació, aquest enfocament aplica visions de futur i serveis digitals amb la sostenibilitat com a valor fonamental. Vincit (2020)descriu cinc fases per implementar aquesta metodologia: Preparar (evaluar la capacitat d'una empresa per treballar amb sostenibilitat) -

Entendre (analitzar l'impacte ambiental d'una empresa) - Visualitzar (definir la sostenibilitat segons la visió de l'empresa) - Crear (desenvolupar conceptes centrats en el planeta) - Alliberar (empoderar altres actors amb els conceptes desenvolupats).

- Ecologia dels materials: segons Neri Oxman, el disseny no hauria de centrar-se únicament en l'humà, sinó en la conservació de totes les espècies i en la millora i el creixement de l'ecosistema natural per promoure una major igualtat, tot integrant la tecnologia. La seva proposta de futur, basada en el disseny especulatiu, consisteix en crear processos centrats en els ecosistemes i el seu rendiment. Això requereix la col·laboració d'un equip interdisciplinari per desenvolupar un "futur preferible", prioritzant l'ecologia i el rendiment en lloc de posar el focus exclusivament en la forma o la funció (Antonelli & Burckhardt, 2020).
- Mètode de disseny basat en materials (MDD): aquest mètode, desenvolupat per Karana et al. (2015) explora com els materials aporten experiències i valors sensorials, a més dels seus atributs tècnics. La metodologia consta de quatre passos: (1) seleccionar un material i comprendre'l tècnicament i experiencialment; (2) experimentar amb el material en contextos de disseny; (3) descobrir els patrons d'experiència del material; (4) desenvolupar el material i el disseny en aplicacions concretes. Aquesta aproximació humanista connecta els aspectes emocionals del material amb les experiències de l'usuari.
- Economia Circular: La EC és un model de negoci basat en sistemes de bucle tancat que utilitzen nutrients biològics i tècnics (MacArthur et al., 2014). Els seus principis inclouen els conceptes de "cicle interior", "ús en cascada" i "inputs purs", a més dels fonaments de "nutrients biològics" i "nutrients tècnics" (McDonough and Braungart, 2002).

A més, es van revisar eines d'avaluació i disseny complementàries:

- Avaluació del cicle de vida (ACV): és una eina de programari per avaluar l'impacte ambiental al llarg del cicle de vida d'un producte o servei (Biganzoli, 2019)
- Enginyeria Kansei: aquesta metodologia d'origen oriental se centra en l'efectivitat del disseny basada en emocions i sensibilitats (Adriasola et al., 2016) aspectes clau en el desenvolupament d'un bon disseny.
- La intenció d'aquesta fase era analitzar els punts forts i febles d'aquestes metodologies des d'un enfocament humanista, veure en Figura 1, i explorar com aplicar-les en l'estudi de materials per a contenidors. Aquesta anàlisi proporciona una base sòlida per identificar estratègies innovadores en el camp del disseny sostenible.

Figura 1. Enfocament transdisciplinari basat en el disseny a través dels materials i la influència de la visió científica i humanística en la comunicació i els productes.

2. Proposar i testejar un nou mètode

A partir de la nova metodologia proposada, que cerca un equilibri entre els aspectes racionals i els emocionals i solidaris, es va realitzar un test amb un grup d'estudiants. Per a aquest taller es van reclutar seixanta-quatre estudiants de dues universitats, la UPC i ELISAVA, amb formació en diverses disciplines: producte, gràfic, espacial, moda, arquitectura i biologia. Aquests participants es van organitzar en 22 grups de treball.

La metodologia, que integra la racionalitat amb valors com la cura, es va implementar a través d'una sèrie de tallers pràctics amb l'objectiu de validar la nostra hipòtesi. Els resultats obtinguts van aportar aprenentatges valuosos, així com aspectes a millorar per perfeccionar el disseny, en aquest cas centrat en el packaging. Alguns dels principals resultats i conclusions són:

- Introducció de nous llenguatges materials: es va observar que incorporar les emocions en el procés de disseny pot establir una relació més pròxima amb els usuaris, alhora que contribueix a protegir millor el producte.
- Inspiració en la natura i la intuïció: aquesta aproximació va permetre als estudiants crear formes més orgàniques i amigables, que es tradueixen en una producció més responsable, sostenible i respectuosa amb la natura.
- Cultivar valors interiors: tot i conceptes difícils de practicar, activitats com la contemplació, l'escolta activa, la reflexió i el desenvolupament dels sentits interiors van ser identificades com a eines útils per als estudiants. Aquests valors els van ajudar a ser més conscients i crítics amb els seus processos de disseny.
- Promoció de debats col·laboratius: els grups que van participar en discussions sobre valors com la cura, la intuïció, la col·laboració i el consens van destacar per la seva capacitat el disseny amb una perspectiva més ètica i reflexiva. Aquestes dinàmiques van ajudar

a conscienciar els futurs dissenyadors sobre la importància de reflexionar abans de crear.

En general, hem demostrat que aquesta metodologia pràctica pot contribuir a utilitzar el disseny no només com una eina per resoldre problemes tècnics, sinó també com un mitjà per conèixer-nos millor a nosaltres mateixos. En l'àmbit educatiu, aquesta proposta pot acompanyar els estudiants universitaris en el seu desenvolupament personal, ajudant-los a abordar els reptes de salut mental amb més consciència, valors humans i creences ecològiques.

Aquesta metodologia posa de manifest que, si ens coneixem i ens comprenem millor, som capaços d'ajudar els altres. Aquest enfocament basat en l'interser ens convida a co-crear amb altres éssers, establint una connexió més profunda entre el disseny, la natura i la societat.

3. Fase segona de la metodologia: Principis humanístics i transpersonals

A partir d'aquesta metodologia basada en els principis humanístics, es va qüestionar si no seria possible anar més enllà per millorar la pràctica del disseny. Per això, es van explorar altres disciplines dins de les ciències socials, veure Figura 2, com ara la psicologia transpersonal i les cultures regeneratives des de l'àmbit antropològic, que ens condueixen cap a una major consciència i intuïció, sota la premissa que la ment i el cos no estan separats (Blay Fontcuberta, 2016; Pink et al., 2020).

Dins d'aquest marc, conceptes com la somaestètica o somaesthetic (Höök, 2018) i la sabiesa corporal de Pallasmaa (2018) han aportat nous enfocaments per dissenyar de manera integrativa amb el cos, com ara en la Teràpia Corporal (TCI) (Pacheco, 2011).

Höök (2018), en el seu llibre, combina les teories de la somaestètica – un camp proposat per Richard Shusterman que estudia l'experiència corporal i la seva millora a través de la consciència i l'exercici reflexiu–

amb el disseny d'interacció per proposar un enfocament més humà i sensorial.

D'altra banda, Pallasmaa (2018) defensa que la mà no només és una eina física, sinó una extensió del pensament, on l'experiència tàctil i kinestèsica es converteix en una forma de coneixement. Dissenyar des del cos implica comprendre com les nostres mans i els nostres sentits modelen la nostra comprensió del món. Segons Pallasmaa, el pensament no està confinat a la ment, sinó que flueix a través del cos i l'entorn. Per això, els dissenyadors tenen la responsabilitat de crear

Figura 2. Enfocament transdisciplinari basat en el disseny a través dels materials i la influència transpersonal des de la cosmovisió indígena.

eines i entorns que enriqueixin l'experiència humana, respectant la complexitat sensorial i emocional dels usuaris.

La connexió amb la nostra essència i naturalesa, com ho planteja (Blay Fontcuberta, 2016), a la psicologia transpersonal, juntament amb les pràctiques indígenes que, des de la seva cosmovisió, promouen una connexió profunda amb l'ésser–on resideixen la intel·ligència (claredat), l'amor (unitat) i l'energia (vitalitat)– estableix una base introspectiva i experiencial que pot integrar-se de manera significativa amb les teories del disseny somàtic i la teràpia corporal integrativa. Aquesta integració proposa un enfocament holístic que, a través de la consciència i la intuïció, enriqueix la pràctica del disseny.

En aquest context, la nova proposta metodològica, representada a la Figura 2, té el potencial d'inspirar dissenys que transcendeixin la mera resolució de problemes tècnics, com és el cas del packaging, per convertir-se en eines que fomentin la reconnexió amb la nostra essència, el nostre entorn i les altres persones.

4. Testejar el segon mètode des de l'experiència personal

A més de realitzar proves empíriques per testejar la primera proposta metodològica amb estudiants en el marc del meu doctorat, la meva curiositat em va portar a explorar la segona metodologia proposada mitjançant una investigació experimental en primera persona. Això va implicar comparar l'experiència de crear materials en un laboratori, on predomina un enfocament racional, amb la vivència de treballar amb materials a la selva, des d'una visió indígena del món. Aquesta segona experiència, més introspectiva i intuïtiva, va enriquir la meva comprensió dels materials i de l'ecologia, aportant-hi una nova dimensió de consciència.

Durant aquests cinc anys, la producció d'un nou material va esdevenir el meu objectiu principal. Vaig treballar amb matèries primeres com la pasta d'eucaliptus, materials reciclats com el cartró, i altres més innovadors, com els nanomaterials, inclòs el nanocristall de cel·lulosa

(CNC). Tots aquests materials comparteixen un element comú: la cel·lulosa com a base. Aquesta recerca va evolucionar orgànicament cap al treball amb cel·lulosa bacteriana, introduint al laboratori una placa de Petri amb *K. xylinus.*

Treballar amb organismes vius com els bacteris intensifica la consciència del procés, ja que el seu creixement és independent i altament susceptible a la contaminació. Aquesta dinàmica genera un sentit de cura i responsabilitat cap als organismes amb què co-dissenyem. Al mateix temps, em va permetre explorar el concepte de "no control", un procés que requereix humilitat i acceptació. Aquest enfocament em fa reflexionar sobre la relació que podem establir amb altres espècies, aprenent i convivint en harmonia amb elles.

En aquest viatge de recerca, he après la importància de fer pauses per reflexionar i ser conscient del meu progrés. Aquests moments m'han permès reavaluar les meves aspiracions i reafirmar la meva direcció. Tant la teoria antropològica com la convivència amb comunitats indígenes han transformat la meva perspectiva. Això m'ha portat a passar de l'experimentació en laboratoris a explorar materials directament en l'entorn de la selva. Aquests materials, que denomino "materials resalvatge" (*rewilding materials*), representen una reconnexió amb la natura i amb un enfocament no colonitzat ni objectivat. Aquesta perspectiva incorpora rituals i interpretacions dels somnis i visions indígenes, preservant la saviesa ancestral transmesa de generació en generació (Arnau, 2024).

El concepte de *rewilding*, àmpliament utilitzat en biologia i ciències ambientals, busca restaurar ecosistemes danyats per l'activitat humana i reconnectar amb la natura. Aquest enfocament ressona amb les preguntes plantejades per Daniel Christian Wahl: *"Qui soc? Quin és el meu paper? Com puc contribuir a un món més viu, creatiu i significatiu? On és la saviesa que hem perdut amb el coneixement?*

On és el coneixement que hem perdut en informació? Quina vida tens si no comparteixes la teva vida?" (Wahl, 2016).

Aquestes qüestions han estat un fil conductor en el meu viatge personal i professional. Ara, més que mai, comprenc que les nostres eleccions individuals tenen un impacte col·lectiu profund tant en la humanitat com en la natura. Passar d'una perspectiva purament econòmica a una de tipus ecològic pot orientar-nos cap a un futur més sostenible i regenerador. Aquest enfocament integra valors com la reciprocitat, la responsabilitat, la gratitud i l'amor, seguint la filosofia de les cultures indígenes i dels nostres avantpassats.

Així, es fa possible retornar a la regeneració i a la noció de "materials silvestres" (rewilding materials), contribuint a un nou paradigma de disseny sostenible.

5. Conclusions

- Conrear una major consciència i avançar des d'una visió purament econòmica cap a una de més ecològica pot guiar-nos cap a un futur més sostenible i regenerador.
- Aquest enfocament posa en valor la reciprocitat, la responsabilitat, la gratitud i l'amor, elements que s'inspiren en les pràctiques de les cultures indígenes i dels nostres avantpassats. Ens convida a reconnectar amb la regeneració i amb la noció de "materials salvatges i regeneratius".
- És essencial curar les ferides i els traumes acumulats al llarg del temps per assolir la pau interior. Paral·lelament, és igualment crucial reparar la nostra relació amb els ecosistemes dels quals depenem i amb els quals convivim.
- Com a dissenyadors, no ens podem limitar a treballar des de les oficines. Hem de sortir al món, experimentar, connectar amb la natura i escoltar la nostra intuïció.

- És necessari crear un pont entre el coneixement científic i la consciència, integrant sabers científics amb la saviesa ancestral i indígena.
- Cal trobar formes de treballar en col·laboració que evitin tant l'apropiació cultural com les accions amb un enfocament colonialista. Aquesta col·laboració ha de ser respectuosa, ètica i conscient, basada en l'aprenentatge mutu i l'intercanvi just.

Referències

Adriasola, I., Teasley, S., & Traganou, J. (2016). Design and Society in Modern Japan: An Introduction *(with a Bibliography by Tsuji Yasutaka and Kikkawa Hideaki). Review of Japanese Culture and Society,* 28, 1-50. https://doi.org/10.1353/roj.2016.0021

Antonelli, P., & Burckhardt, A. (2020). *Neri Oxman Material Ecology.* The Museum of Modern Art, New York, New York.

Arnau, J. (2024). *La meditación soleada.* Galaxia Gutenberg, Barcelona.

Baker, S.E. (2020). Post-work Futures and Full Automation: Towards a Feminist Design Methodology. *Open Cultural Studies,* 2, 540-552. https://doi.org/10.1515/culture-2018-0049

Biganzoli, L. (2019). LCA evaluation of packaging re-use: the steel drums case study. *J Mater Cycles Waste Manag.,* 21, 67. https://doi.org/10.1007/s10163-018-00817-x

Blay Fontcuberta, A. (2016). *SER, Curso de psicología de la autorrealización.* Sincronía editorial, Barcelona.

Grof, S. (2008). Brief History of Transpersonal Psychology. *International Journal of Transpersonal Studies,* 27, 46-54. https://doi.org/10.24972/ijts.2008.27.1.46

Höök, K. (2018). *Designing with the Body.* The MIT Press, Cambridge, Massachusetts. https://doi.org/10.7551/mitpress/11481.001.0001

Jackson, I. (2008). Gestalt - A learning theory for graphic design education. *International Journal of Art and Design Education.* https://doi.org/10.1111/j.1476-8070.2008.00558.x

Karana, E., Barati, B., Rognoli, V., & Zeeuw van der Laan, A. (2015). Material driven design (MDD): A method to design for material experiences. *International Journal of Design*, 9, 35-54.

MacArthur, E., Miller, S., Holding, D.B. V, by Ellen MacArthur, F., (2014). *Towards a Circular Economy 3: Accelerating the scale-up across global supply chains.*

McDonough, W., & Braungart, M. (2002). *Cradle to Cradle: Rethinking the Way We Make Things.* North Point Press, New York.

Moore, P., & Fitz, C. (1993). Gestalt Theory and Instructional Design. *Journal of Technical Writing and Communication*, 23, 137-157. https://doi.org/10.2190/G748-BY68-L83T-X02J

Pacheco, A. (2011). *Ego, Esencia y Transformación. Bases para una Terapia Corporal Integrativa.* (4a. Ed.). Ed. Hermes.

Pallasmaa, J. (2018). *La mano que piensa, sabiduría existencial y corporal en la arquitectura.* Editorial Gustavo Gili, Barcelona.

Pink, S., Osz, K., Raats, K., Lindgren, T., & Fors, V. (2020). Design anthropology for emerging technologies: Trust and sharing in autonomous driving futures. *Des Stud*, 69. https://doi.org/10.1016/j.destud.2020.04.002

Roshko, T. (2010). The pedagogy of bio-design: Methodology development. *WIT Transactions on Ecology and the Environment*, 138, 545-558. https://doi.org/10.2495/DN100491

Schwartz, J.G., Kumar, U.N., Azagury, D.E., Brinton, T.J., & Yock, P.G. (2016). Needs-Based Innovation in Cardiovascular Medicine: The Stanford Biodesign Process. *JACC Basic Transl Sci*, 1, 541-547. https://doi.org/10.1016/j.jacbts.2016.06.011

Vincit, 2020. Planet Centric Design [WWW Document]. URL https://planetcentricdesign.com/ (accessed 10.26.20).

Vokoun, J.A. (2017). Strategic Design Thinking: Innovation in Products, Services, Experiences, and Beyond. *Design and Culture*, 9, 357-359. https://doi.org/10.1080/17547075.2017.1368261

Wahl, D.C. (2016). *Designing Regenerative Cultures.* Triarchy Press, England.

Siete años de estudio de la calidad mineral del agua de las fuentes del parque natural reserva de la biosfera del Montseny

Oscar Farrerons Vidal

Escola d'Enginyeria de Barcelona Est

Departament d'Enginyeria Gràfica i de Disseny

Fortià Prat Bofill

Laboratorio Clínico Prat

Resumen

Se muestra el trabajo realizado de análisis del agua de 310 fuentes del parque natural del Montseny, destacando la metodología llevada a cabo y los hallazgos de cada una de las cinco zonas de trabajo en que se dividió el parque. Se narran las metodologías usadas para cada uno de los doce parámetros analizados. Se presentan los resultados parciales de estos siete años, y se interpretan dichos resultados en su conjunto, a partir de las medias obtenidas para cada zona, además de una interpretación a partir de miliequivalentes. Se manifiesta la originalidad del artículo a partir del diseño de dos planos georeferenciados donde se ubican las fuentes analizadas, agrupadas en un caso por cuatro rangos de conductividad, y en otro por la cantidad de nitratos. Las conclusiones manifiestan la importancia del trabajo realizado para los gestores del parque natural, de cara a tomar decisiones para la conservación de las fuentes.

Palabras clave: Montseny, nitratos, fuentes naturales, mineralogía agua.

Abstract

The work carried out to analyze the water from 310 sources in the Montseny Natural Park is shown, highlighting the methodology carried out and the findings of each of the five work zones into which the park was divided. The methodologies used for each of the twelve parameters analyzed are narrated. The partial results of these seven years are presented, and these results are interpreted as a whole, based on the averages obtained for each area, in addition to an interpretation based on milliequivalents. The originality of the article is manifested from the design of two georeferenced plans where the analyzed sources are located, grouped in one case by four ranges of conductivity, and in another by the amount of nitrates. The conclusions show the importance of the work carried out for the managers of the natural park, in order to make decisions for the conservation of the sources.

Keywords: Montseny, nitrates, natural sources, water mineralogy.

----

1. Introducción

En diciembre 2020 se publicó en el número 16 de la revista *Agua y Territorio* el artículo titulado "Proyecto Fuentes del Montseny: Memoria de un rico patrimonio material e inmaterial en Cataluña (España)"[1] obra de uno de los autores que firma el presente artículo. En dicho artículo el objetivo era mostrar las fuentes del parque natural reserva de la biosfera del Montseny como protagonista de usos históricos, prácticos y culturales. Se analizaban leyendas y mitos, así como una perspectiva de las fuentes como recurso económico de la industria embotelladora del Montseny. El artículo hacía un repaso del estado del arte sobre este tema de las fuentes del Montseny, y explicaba la metodología de cómo desde el año 2016 se habían estudiado casi 900 fuentes del parque, de cómo se habían indexado las fuentes según cuatro tipos, y de los resultados obtenidos en el trabajo de campo. El artículo también hacia un resumen de las evidencias científicas presentadas hasta ese momento, en forma de exposiciones, artículos, libros, etc, y terminaba con una discusión y conclusiones de la labor realizada. En un apartado del artículo se indicaba que se había empezado a llevar a cabo análisis de la mineralogía de las aguas de las fuentes visitadas, y que se estaba trabajando en el estudio químico-mineral de esta agua, todo ello previo a un repaso del estado

[1] Farrerons, 2000, 121-132.

del arte teórico de otros valiosos trabajos, como por ejemplo el del doctor Carmona[2] y el del doctor Gallart[3].

Figura 1. Fuente Rupitosa, Viladrau, 2021. Foto Oscar Farrerons.

2. Objetivo y ámbito de trabajo

El presente artículo tiene por objetivo mostrar e interpretar los resultados obtenidos desde el inicio del proyecto "Fuentes del Montseny" hasta 2023 cuando se consiguió terminar el trabajo de campo y la publicación de resultados parciales. Este artículo mostrará por primera vez la interpretación del conjunto de resultados obtenidos a lo largo de siete años.

El ámbito del trabajo de campo se circunscribe (en su mayor parte) a los 555 km^2 del parque natural reserva de la biosfera del Montseny, 18 municipios pertenecientes a tres comarcas (Osona, la Selva, y Vallès Oriental). El Montseny es el macizo más importante de la Sierra Prelitoral Catalana, se encuentra a caballo entre las provincias de Barcelona y Girona. Dada la magnitud del trabajo de campo, y debido

[2] Carmona, 1999.

[3] Gallart, 2003.

a la ausencia de ayuda para poderlo realizar, se decidió en su momento dividir el macizo en cinco zonas geográficas e ir publicando los resultados parciales obtenidos. Durante este período se han visitado más de quinientas fuentes, de las que se han conseguido analizar muestras de aguas de 310 manantiales. La secuencia del trabajo ha sido: en el año 2017 análisis de 100 fuentes de la zona norte, en 2018 análisis de 48 fuentes de la zona oeste, en 2020 análisis de 75 fuentes de la zona este, en 2021 análisis de 44 fuentes de la zona sureste, y en 2022 análisis de 43 fuentes de la zona suroeste. La zona norte solo comprendía el municipio de Viladrau y alrededores. A la zona oeste del Montseny, comprendida por los municipios de Seva, El Brull y Aiguafreda, se le añadió alguna fuente de los municipios limítrofes de Balenyà y Centelles. La zona este del Montseny atañe a los municipios de la provincia de Girona: Arbúcies, Sant Feliu de Buixalleu, Breda, y Riells i Viabrea. El sur del Montseny, dada la magnitud de su ámbito, y que incluye las tres cimas más altas del macizo (Turó de l'Home, Les Agudes y Matagalls) se decidió dividirlo en dos zonas. La zona sureste

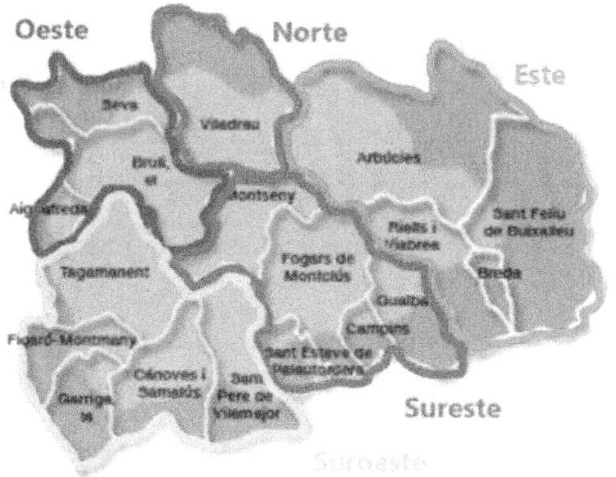

Figura 2. Plano de las zonas geográficas con los municipios respectivos.
Fuente: Oscar Farrerons.

comprende los municipios de Gualba, Campins, Fogars de Montclús, Montseny, y Sant Esteve de Palautordera. Lo zona suroeste comprende los municipios de Sant Pere de Vilamajor, Cànoves i Samalús, La Garriga, Figaró-Montmany, y Tagamanent. Las zonas geográficas en

Parámetro	Método	Standard Methods	z-score zona Norte	z-score zona Oeste	z-score zona Este	z-score zona Sureste	z-score zona Suroeste
pH	Electrometría	SM 4550 H+ B	-0,60	1,04	0,25	1,29	0.57
Conductividad a 20ºC	Electrometría	SM 2510 B	0,38	-0,42	-0,28	-0,58	-0.11
Bicarbonatos	Volumetría. Ácido-base	SM 2320 B	-0,02	-0,10	0,25	0,42	0.45
Cloruros	Volumetría. Argentometría	SM 4500-Cl- B	0,26	-0,46	-0,70	0,28	0.14
Sulfatos	Turbidimetría	SM 4500-SO42- E	-0,50	-0,50	-0,51	1,88	0.87
Nitratos	Espectrofotometría UV	SM 4500-NO3- B	0,31	-0,43	-0,21	-0,24	-0.61
Dureza total	Volumetría. Complejometría	SM 2340C	-0,47	0,31	-0,11	-0,08	-0.24
Calcio	Volumetría. Complejometría	SM 3500-CaD.	-0,07	-0,24	0,75	-0,35	0.21
Magnesio	Cálculo	SM 3500-Mg E	-0,72	0,94	-0,98	0,78	-0.04
Sodio	Fotometría de llama	SM 3500-Na D	-0,90	-0,90	-0,90	-0,24	1.66
Potasio	Fotometría de llama	SM 3500-K D	-1,20	-1,20	-1,20	-1,40	1.74
Fluoruro	Espectrofotometría Vis	SM 4500-F- D	0,80	0,38	-0,09	-0,47	sin dato

Tabla 1. Parámetros analizados, métodos utilizados y su correspondiente Standard Methods, así como el z-score para cada uno de los parámetros en cada una de las zonas del Montseny analizadas.

que se dividió el Montseny, con los municipios, pueden verse en la Figura 2.

3. Metodología

Para poder comparar adecuadamente los resultados, se procedió a llevar a cabo el trabajo de campo siempre en las mismas fechas, a finales de otoño, y siempre por parte de los mismos autores del presente artículo. Es evidente que los resultados pueden verse afectados por la pluviosidad de los diferentes años del trabajo, esta ha sido una variable que no se ha podido controlar.

Para tomar las muestras de agua de las fuentes se utilizaron botellines de 50 cl. de agua mineral. A pesar de que los botellines no eran estériles, se enjuagaron tres veces con el agua de la fuente antes de tomar la muestra. Cada botellín con agua de la fuente, con su nombre y el número de referencia que se le había asignado previamente, se transportó el mismo día de su captación al laboratorio homologado encargado de realizar la analítica. En todos los casos siempre ha sido Laboratorio Clínico Prat (Torelló, Barcelona), autorizado por la Dirección General de Salud Pública con el número LSAA-104-97. El responsable de realizar todos los análisis ha sido el doctor Fortià Prat Bofill. La determinación de pH, conductividad, alcalinidad y nitratos, se hizo dentro de las primeras 24 horas y el resto de los parámetros en cuatro días máximo. Dado que el estudio es una referencia para los minerales, esta metodología garantiza resultados correctos de las muestras. Para asegurar la calidad de los análisis, desde 2018 se ha participado en Ejercicios de Intercomparación de Resultados, organizados por entidades acreditadas por ENAC (Entidad Nacional de Acreditación) como laboratorio de ensayo. Todos los resultados analíticos, en todas las zonas en las que se analizó tuvieron un Z-score <2, satisfactorio (Norma ISO 13528:2005). Los parámetros, los métodos, así como el z-score, pueden verse en la Tabla 1.

En algunos casos de manantiales específicos, dada la observación visual previa, también se aprovechó para analizar el hierro presente en las fuentes (por ejemplo: Ferro, Tosca, Roja, y can Figuera), y los carbonatos (por ejemplo, en las fuentes de Polell y Pou Calent).

4. Resultados parciales

Los resultados específicos de cada uno de los análisis llevados a cabo en las 310 fuentes analizadas de las cinco zonas del Montseny pueden consultarse en la bibliografía publicada. Los resultados de los análisis de las 100 fuentes del Montseny norte pueden examinarse en el número 178 de la revista Ausa[4]. Los resultados de las 48 fuentes del Montseny oeste pueden consultarse en el número 180 de la revista Ausa[5]. Los resultados de las 75 fuentes del Montseny este pueden consultarse en el número 183 de la revista Ausa[6]. Los resultados de las 44 fuentes del Montseny sureste pueden consultarse en el número 26 de la revista Ponències[7]. Los resultados de las 43 fuentes del Montseny suroeste pueden consultarse en el número 27 de la revista Ponències[8].

En las publicaciones Ausa (Patronato de Estudios de Osona) y Ponències (Centro de Estudios de Granollers), pero también en la revista Tecnoaqua[9], se llevaron a cabo la interpretación de los resultados parciales para cada una de las zonas analizadas. Para cada ámbito geográfico, además de los análisis, se interpretaron los resultados, y se encontraron las principales correlaciones.

En 2020 se presentó un Trabajo Fin de Grado (TFG) de Ingeniería Química, de la Escuela de Ingeniería de Barcelona Este (EEBE) de la Universidad Politécnica de Catalunya (UPC)[10] que supuso un análisis estadístico multivariable del agua de las fuentes del Montseny. Dicho TFG fue evaluado por un tribunal académico en julio 2020 con nota

---

[4] Farrerons y Prat, 2017, 715-715.

[5] Farrerons y Prat, 2018, 554.

[6] Farrerons y Prat, 2020, 166-167.

[7] Farrerons y Prat, 2022, 174-175.

[8] Farrerons y Prat, 2022, 202-203.

[9] Prat y Farrerons, 2017, 2018, 2019, 2022 y 2023a.

[10] Camp y Farrerons, 2020.

final Sobresaliente. También en la misma línea de implicar la investigación de las fuentes en los TFG de la UPC, en 2022 se presento un nuevo TFG de trabajo teórico y de análisis de laboratorio sobre las fuentes del Montseny suroccidental[11]. Este TFG también recibió nota de Sobresaliente por parte del tribunal académico que lo juzgó en julio 2022.

5. Interpretación de resultados conjuntos

Las interpretaciones geológicas se han llevado a cabo a partir de los planos del Instituto Cartográfico y Geológico de Catalunya (ICGC), en los que se puede apreciar que el macizo dispone de dos partes bien diferenciadas. Existen los materiales más antiguos (entre 550 y 300 millones de años) formado por rocas ígneas y metamórficas. Y hay una cobertura constituida fundamentalmente por rocas sedimentarias de las eras geológicas mesozoica y cenozoica (de unos 300 millones de años hasta la actualidad). Básicamente el Montseny dispone de tres unidades orográficas distintas: 1-La zona oriental, caracterizada como nubosa y húmeda, con un sustrato granítico de granodiorita altamente fragmentada y meteorizada. 2-El ámbito central del Matagalls, de naturaleza continental. Y 3-El altiplano de la Calma, con altitudes menores, suelos carbonatados en la vertiente de poniente y menor pluviometría.

Si queremos interpretar los resultados del agua mineral de las fuentes del parque natural reserva de la biosfera del Montseny por zonas geográficas, podemos comparar las medias de los diferentes parámetros analizados para poder sacar alguna conclusión. Por ejemplo, si comparamos las medias de conductividad, bicarbonato y calcio, como podemos ver en la Figura 3, podemos afirmar que las fuentes más mineralizadas son las correspondientes a la zona oeste.

---

[11] Izquierdo, Farrerons y Lalueza, 2022.

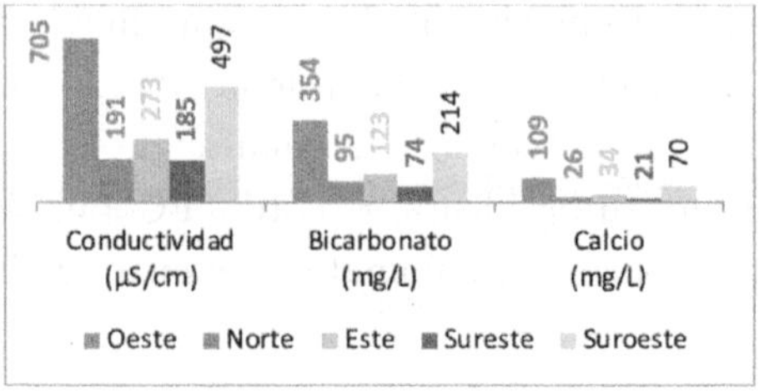

Figura 3. Medias de conductividad, bicarbonato y calcio en el agua de las fuentes, por zonas geográficas del Montseny.

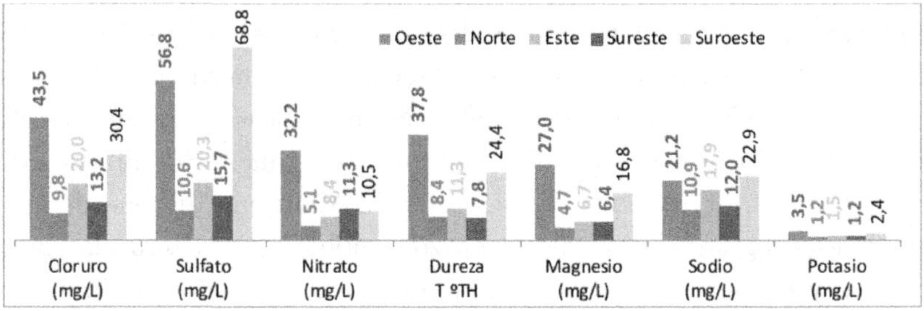

Figura 4. Medias de cloruro, sulfato, nitrato, dureza, magnesio, sodio, y potasio, en las aguas de las fuentes del Montseny, por zonas.

De la misma manera, en la Figura 4 podemos ver que la zona oeste también predomina, de media en cuanto a cloruro, sulfato, nitrato, dureza, magnesio, sodio, y potasio, aunque en diferentes proporciones.

En la Figura 5 se compara mineralización global valorada en conductividad con la altitud media de cada zona geográfica estudiada. Se aprecia que las zonas de más altitud media del Montseny, la norte y la sureste, de las cinco en que hemos dividido nuestro estudio, les corresponde la menor mineralización. En las otras tres zonas, de altitud similar, la diferencia del valor de conductividad entre ellas es

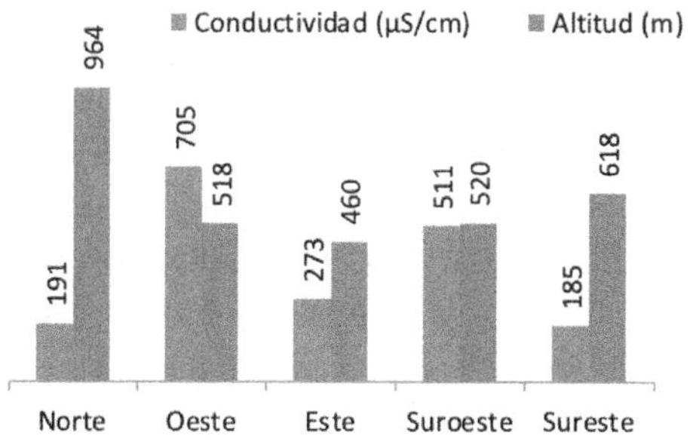

Figura 5. Comparación de comparación conductividad media con altitud media, por zonas.

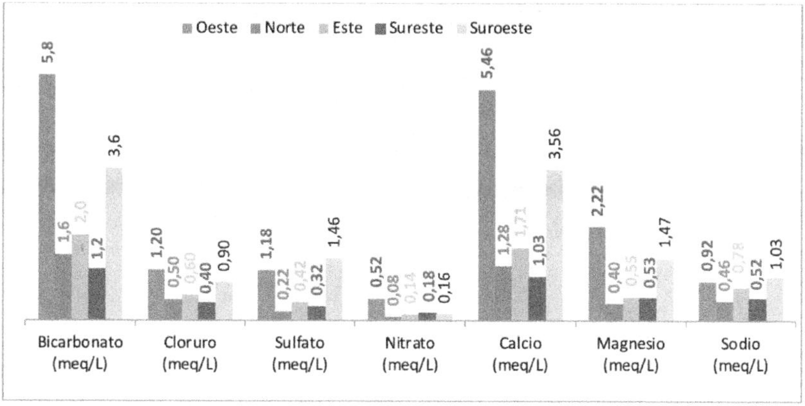

Figura 6. Comparación de valores por balance iónico, por zonas del Montseny.

mayor, aunque se comportan de una manera relativamente similar en cuanto a la relación entre altitud y mineralización global.

Si se hace el balance iónico valorado en meq/L, de cada una de las diferentes zonas se obtienen la Figura 6, donde se observa una composición mayoritariamente bicarbonatado cálcica, en todos los casos, ligeramente magnésicas en el oeste y suroeste, y sódicas en el suroeste. Los iones bicarbonato, calcio y magnesio son los responsables de la mineralización de las aguas del oeste, la zona más mineralizada de la reserva de la biosfera del Montseny.

Se ha diseñado un plano georreferenciado[12] donde se han ubicado las 310 fuentes analizadas agrupadas por intervalos de conductividad, donde las fuentes de color azul tienen menos de 200 microS/cm, las fuentes de color verde entre 200 y 500 microS/cm, las de color naranja entre 500 y 1000 microS/cm, y finalmente las de conductividad superior a 1000 microS/cm se han dibujado de color rojo, ubicadas todas en el lado oeste del Montseny. La Figura 7 muestra una captura de pantalla del plano de fuentes agrupadas por intervalos de conductividad.

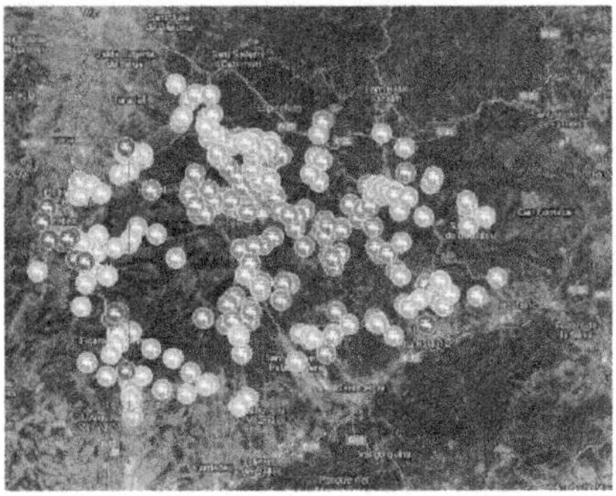

Figura 7. Plano de las fuentes analizadas agrupadas por intervalos de conductividad.

6. Nitratos

Los nitratos presentes en las aguas de las fuentes tienen su origen en la oxidación bacteriana de la materia orgánica vegetal que existe en el suelo. Se considera que hasta 10 mg/L, los nitratos pueden ser de origen natural, mientras que a partir de esta cifra se consideran de

[12] https://tinyurl.com/2v6s7urx

origen antrópico. Según RD 3/2023 cuando el valor de los nitratos es mayor de 50 mg/L el agua no es apta para consumo humano.

Las fuentes del Montseny están, generalmente, libres de nitratos. En el este, sureste y suroeste, existen algunas fuentes con valores altos, superiores a 50 mg/L, en las zonas de menor altitud de cada una de estos ámbitos geográficos, siempre próximas a cultivos agrícolas, como se observa en la Figura 8. Las aguas de las fuentes de la zona oeste del Montseny presentan alteraciones considerables de la concentración natural de nitratos en más de una tercera parte de sus fuentes. La localización puntual de las fuentes contaminadas por nitratos, junto con un control exhaustivo de la fertilización de los cultivos y con perímetros de protección, facilitarían la recuperación de la calidad del agua de las fuentes contaminadas.

Se ha diseñado un plano georreferenciado[13] con las 310 fuentes analizadas de las cinco zonas geográficas del Montseny, donde se han agrupado las fuentes en función de los valores de nitratos: de color azul aquellas de menos de 25 mg/L de nitratos, las de color naranja que poseen entre 25 y 50 mg/L de nitratos, y las de color rojo las que

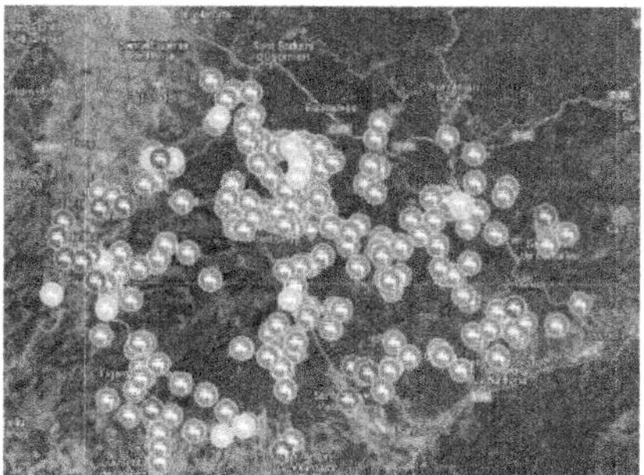

Figura 8. Plano de las fuentes analizadas agrupadas por valores de nitratos.

[13] https://tinyurl.com/5n97sxmr

superan la cantidad de 50 mg/L, que vemos agrupadas en el Alto Congost y en algunas zonas basales del Vallès Oriental. La Figura 8 muestra la captura de pantalla del plano de nitratos del Montseny.

7. Conclusiones

Después de siete años de estudio, podemos concluir que existe una clara polarización mineralógica en las aguas de las fuentes del Montseny en cuanto a las cinco zonas geográficas en que hemos dividido el macizo. Se puede afirmar que la altitud de la fuente tiene una relación inversamente proporcional con la mineralización de su agua, sobre todo en las zonas norte, este y sureste. En las zonas suroeste y oeste dicha correlación es mucho menor. El grado de mineralización también es diferente en función de la litología drenada: menor en granitos, y mayor en calizas. Todas las zonas geográficas del Montseny son mayoritariamente de composición bicarbonatado-cálcicas, pero las del oeste y suroeste además son ligeramente sulfatadas, magnésicas y sódicas. Estos cuatro iones mayoritarios son los responsables del aumento de mineralización de las aguas del oeste.

Los resultados analíticos de las aguas de las fuentes obtenidos por el proyecto "Fonts del Montseny" han de ayudar a los gestores del parque natural reserva de la biosfera del Montseny, junto con otros estudios, a la toma de decisiones adecuadas para proteger las fuentes como el elemento del patrimonio cultural, histórico, social y natural que son en el territorio del Montseny. A la vez se tendrá una base de datos de conductividad y valores de nitratos, parámetros indicadores de la calidad del agua subterránea según la Directiva Marco del Agua y que servirán, en el futuro, para detectar posibles alteraciones en su composición natural.

Estos siete años de investigación suponen un punto final en esta primera fase de estudio, pero se abren nuevos retos respecto a las fuentes del Montseny. ¿Es necesario repetir los análisis ocho años después para comprobar si los resultados mineralógicos se mantienen?

¿Sería suficiente determinar solamente conductividad y nitratos? ¿En qué cuantía influye la sequía en la caracterización mineralógica de las aguas de las fuentes? ¿Nuevas actuaciones, infraestructuras construidas, industrias envasadoras de agua y otras modificaciones del paisaje, suponen una amenaza para las fuentes del Montseny? El estudio científico de las aguas de las fuentes del Montseny deberá proseguir a partir de ahora, quizá con nuevos planteamientos, quizá con nuevos investigadores.

Agradecimientos

A aquellos que nos ayudaron en el conocimiento de las fuentes del Montseny, al fotógrafo Adrià Corella, a la licenciada Joana Lalueza, a las ingenieras químicas Alicia Izquierdo y Núria Camp, y a todos los habitantes del Montseny que nos acompañaron hasta alguna de las fuentes más recónditamente escondidas en la montaña.

Referencias

Camp, N., & Farrerons, O. (director) (2020). Estudi teòric i evidència empírica de la quimico-minerologia de les aigües de les fonts del Montseny sud, i comparativa amb el que succeeix a les fonts del Montseny nord, est i oest. http://hdl.handle.net/2117/329725

Carmona, J.M. et al. 1999). Característiques hidrogeoquímiques de les aigües subterrànies i superficials del Montseny. *Monografies 27*, Diputación de Barcelona. http://parcs.diba.cat/documents/155678/7a8419e8-2648-45ec-be1b-5e13009d2c2a

Farrerons, O. (2020). Proyecto Fonts del Montseny ("Fuentes del Montseny"): Memoria de un rico patrimonio material e inmaterial en Cataluña (España). *Agua y Territorio,* 16, 121-132.

Farrerons, O., & Prat, F. (2017). Anàlisis mineralògiques de les fonts del Montseny nord. *Ausa*, 178, 693-719. http://hdl.handle.net/2117/107158

Farrerons, O., & Prat, F. (2018). Anàlisis mineralògiques de les fonts del Montseny oest i l'alt Congost. *Ausa*, 180, 533-555. http://hdl.handle.net/2117/123051

Farrerons, O., & Prat, F. (2020). Comparativa hidromineralògica d'aigües de fonts de tres zones geogràfiques del Montseny. *Ausa*, 183, 153-168. http://hdl.handle.net/2117/178733

Farrerons, O., & Prat, F. (2022). Les fonts del Montseny sud-oriental: estudi teòric i evidència empírica. *Ponències*, 26, 151-176. http://hdl.handle.net/2117/369070

Farrerons, O., & Prat, F. (2023). Les fonts del Montseny sud-occidental: estudi teòric i evidència empírica. *Ponències*, 27, 117-203. http://hdl.handle.net/2117/388213

Gallart, M. et al. (2003). Diagnosi ambiental i historicocultural de les fonts més representatives del Parc Natural del Montseny. *Monografies 30*, Diputación de Barcelona. http://81.47.175.201/montseny/attachments/article/30/diagnosi_ambiental_fonts.pdf

Institut Cartogràfic i Geològic de Catalunya (2024). Visor 3D de recursos geològics. https://www.icgc.cat/ca/Eines-i-visors/Visors/Visualitzadors-Geoindex/Geoindex-Visor-3D-de-recursos-geologics

Izquierdo, A., Farrerons, O. (director), & Lalueza, J. (codirectora) (2022). *Mineralogia de les aigües de les fonts del Montseny sud-occidental. Estudi teòric i evidència empírica.* http://hdl.handle.net/2117/374642

Ministerio de Presidencia. Gobierno de España. (2023). *Real Decreto 3/2023, de 10 de enero, por el que se establecen los criterios sanitarios de la calidad del agua de consumo humano.* Madrid. https://www.boe.es/buscar/act.php?id=BOE-A-2023-628 [Consulta: diciembre 2024].

Prat, F., & Farrerons, O. (2017). Análisis de parámetros fisicoquímicos de aguas de 100 fuentes naturales del Montseny norte. *Tecnoaqua*, 25, 36-45.

Prat, F., & Farrerons, O. (2018). Parámetros fisicoquímicos de las aguas de 48 fuentes naturales del Montseny oeste - Alto Congost y su comparación con las aguas del Montseny norte. *Tecnoaqua*, 31, 52-59.

Prat, F., & Farrerons, O. (2019) Comportamiento fisicoquímico desigual de las fuentes de agua en el norte, oeste y este del Montseny *Tecnoaqua*, 37, 58-66.

Prat, F., & Farrerons, O. (2022). Calidad mineral de las fuentes del sureste de la Reserva de la Biosfera del Montseny. *Tecnoaqua*, 56, 2-11.

Prat, F., & Farrerons, O. (2023a). Proyecto 'Fonts del Montseny': siete años de investigación sobre la calidad mineral de las fuentes del Montseny. *Tecnoaqua*, 63, 2-10.

Prat, F., & Farrerons, O. (2023b). *Mineralització fonts del Montseny. Intervals de conductivitat fonts Montseny.* https://tinyurl.com/2v6s7urx

Prat, F., & Farrerons, O. (2023c). *Fonts del Montseny. Nitrats.* https://tinyurl.com/5n97sxmr

Jornades de Recerca del Departament d'Enginyeria Gràfica i de Disseny (UPC)

Oscar Farrerons Vidal

Escola d'Enginyeria de Barcelona Est

Departament d'Enginyeria Gràfica i de Disseny

Resum

L'article presenta un breu resum estadístic de les Jornades de Recerca del Departament d'Enginyeria Gràfica i de Disseny (DEGD) de la UPC, que es porten a terme des de 2019, amb dades dels sis darrers anys (no inclòs l'actual 2025). S'especifiquen els objectius inicials de la Jornada, a més dels objectius actuals complementaris. Es comptabilitzen tots els articles publicats, amb el nombre total de pàgines per cada llibre editat corresponent a cada Jornada de Recerca. I també es comptabilitzen els autors en quan a gènere i a nombre de participacions. Es llista el nombre d'articles presentats per cada secció departamental (tenint en compte els autors principals, i les col·laboracions entre seccions i amb d'altres universitats). I finalment el text aporta algunes dades principals dels sis llibres editats fins ara. La finalitat de l'article és visualitzar evidències de valor per donar a conèixer, a la totalitat del professorat del departament EGD, la Jornada de Recerca. A la vegada, aquestes dades estadístiques poden ajudar a la direcció del departament a prendre les decisions més adequades per tal de fomentar la participació en les Jornades, si és que es creu necessari.

Abstract

The article presents a brief statistical summary of the Research Conferences of the Department of Graphic Engineering and Design (DEGD) of the UPC, which have been held since 2019, with data from the last six years (not including the current 2025). The initial objectives of the Conference are specified, in addition to the current complementary objectives. All published articles are counted, with the total number of pages for each edited book corresponding to each Research Conference. And the authors are also counted in terms of genre and number of participations. The number of articles presented by each departmental section is listed (considering the main authors, and collaborations between sections and with other universities). And finally, the text provides some main data from the six books published so far. The purpose of the article is to visualize evidence of value to make the Research Conference known to all the teaching staff of the EGD department. At the same time, this statistical data can help the department's management to make the most appropriate decisions to encourage participation in the Conferences, if deemed necessary.

----

1. Origen

Durant un Consell de Departament celebrat a la tardor de 2018, a Terrassa, es va aprovar organitzar una Jornada de Recerca amb la finalitat que tots els professors del departament EGE de la Universitat Politècnica de Catalunya (aleshores encara Expressió Gràfica a l'Enginyeria, ja que el canvi de nom per EGD no es va aprovar fins l'acord CG/2020/03/04) coneguessin la variada recerca que es portava al departament. Semblava molt propici perquè feia poc temps que s'havien incorporat al departament el professorat del grup d'Enginyeria Paperera, i era una forma interessant de donar a conèixer que feia cada grup, i de buscar sinèrgies entre professors i grups del mateix departament. La data escollida per portar a terme la primera Jornada de Recerca va ser el 31 de gener 2019, triant un període en que no hi ha classes, per facilitar la participació del professorat. L'equip directiu del departament d'aleshores estava encapçalat per en Jose Luis Lapaz com a Director, en Joan Antoni López com a Secretari, i en Oscar Farrerons com a Sotsdirector, que també va actuar com a coordinador de la Jornada. Aquesta primera Jornada de Recerca es va portar a terme de manera presencial a la Sala d'Actes del campus de Terrassa de la UPC durant tot el matí.

Posteriorment s'ha continuat celebrant la Jornada de Recerca del Departament d'Enginyeria Gràfica i de Disseny, sempre en dates finals de gener o principis de febrer, i de manera virtual, primer per precaució sanitària per l'esclat de la pandèmia de la Covid, i després com una manera de facilitar la participació donada la dispersió territorial dels professors del nostre departament. El canvi en la direcció del departament no ha afectat la Jornada de Recerca, que continua sent coordinada pel professor Oscar Farrerons.

2. Objectius de la Jornada de Recerca

L'objectiu inicial de la Jornada de Recerca DEGD era, com hem explicat anteriorment, donar a conèixer la diversa investigació que es portava a terme, i facilitar l'encontre entre professorat de diferents grups i campus, per incrementar en qualitat i quantitat la recerca del departament. Amb el pas dels anys i, sobretot amb la incorporació de nous professors joves a les nostres seccions departamentals, també s'ha afegit com a objectiu de la Jornada el facilitar, en especial als professors lectors i als doctorands, un espai senzill on fer unes primeres publicacions, que hem vist amb il·lusió que en posterioritat ha facilitat un aprofundiment de la recerca en qüestió. Alumnes dels màsters relacionats amb els grups de recerca del DEGD, inclús alumnes que ja havien presentat el TFE, i que desitjaven seguint col·laborant en la recerca que es porta a terme en alguns dels campus en que participem com a departament, també han col·laborat en les ponències presentades a la Jornada de Recerca, el que suposa una nova finalitat assolida.

3. Molts articles i moltes pàgines

Durant els sis anys que s'ha portat a terme la Jornada de Recerca, s'han presentat un total de 97 ponències, algunes de les quals han estat exposades públicament el dia de la Jornada, mentre que la totalitat han estat publicades en un llibre anual (amb el seu corresponent ISBN), editat per OmniaScience (Terrassa). Això significa una mitja de 16.2 articles per cada Jornada de Recerca, però com podeu imaginar, no ha estat sempre igual, sinó que ha variat entre el mínim d'articles l'any 2019 (13) i el màxim l'any 2021 (18). La publicació d'aquests 97 articles ha suposat l'edició total de 1471 pàgines, amb una mitja de 245 pàgines per cada llibre de la Jornada, amb el màxim de pàgines l'any 2021 (274) i el mínim el 2019 (171). Les dades totals les podeu veure a la Taula 1, mentre que al Gràfic 1 podeu apreciar que mentre els tres primers anys la Jornada ha anat creixent, en les darreres tres edicions s'ha mantingut pràcticament estable tant en número d'articles com en número de pàgines.

	articles	pàgines
2019	13	171
2020	15	238
2021	18	274
2022	17	255
2023	17	273
2024	17	260
mitja	16.2	245
total	97	1,471

Taula 1. Número d'articles i número de pàgines publicades en el llibre anual de cada Jornada de Recerca. Mitja i totals.

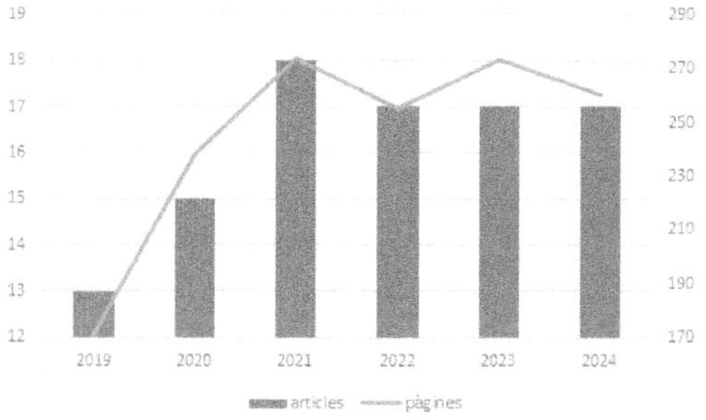

Gràfic 1. Número d'articles (esquerra) i número de pàgines (dreta) en el llibre anual de cada Jornada de Recerca.

4. Els autors

Els articles que s'han presentat a les Jornades de Recerca DEGD han estat majoritàriament de multiautoria, amb dos o tres autors signants de cada article principalment, tot i que hi ha articles que s'ha presentat amb un sol autor, i per contra hi ha articles (pocs) amb més de vuit autors. No ens ha d'estranyar que la Jornada amb més autors sigui precisament la que té més articles i més pàgines publicades, així la Jornada corresponent al 2021 van participar-hi un total de 51 autors. A la Taula 2 es pot veure el número d'autors de cada Jornada, respecte als articles publicats, mentre que al Gràfic 2 es pot apreciar que la tendència és a signar cada vegada menys autors (malgrat que es manté el mateix número d'articles publicat).

	articles	autors
2019	13	27
2020	15	26
2021	18	51
2022	17	32
2023	17	40
2024	17	23
mitja	16.2	33

Taula 2. Número d'autors i número d'articles segons any.

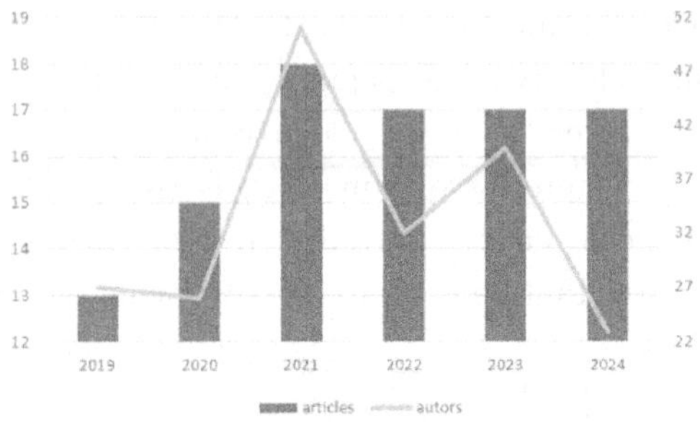

Gràfic 2. Número d'articles (esquerra) i número d'autors (dreta) en el llibre anual de cada Jornada de Recerca.

De mitjana, hi ha hagut més autors homes (19) que autores dones (15) que han signat els articles de les Jornades de Recerca DEGD, tal i com es pot veure a la Taula 3, però el número d'autores ha anat creixent cada any més que el número d'homes, i en els darrers dos anys ja són majoria, tal i com es pot veure en el Gràfic 3.

	Dones	Homes
2019	8	19
2020	9	17
2021	22	29
2022	15	17
2023	21	19
2024	13	10
mitja	15	19

Taula 3. Número total de dones i homes signants en el llibre anual de cada Jornada de Recerca, i la mitja de les sis jornades.

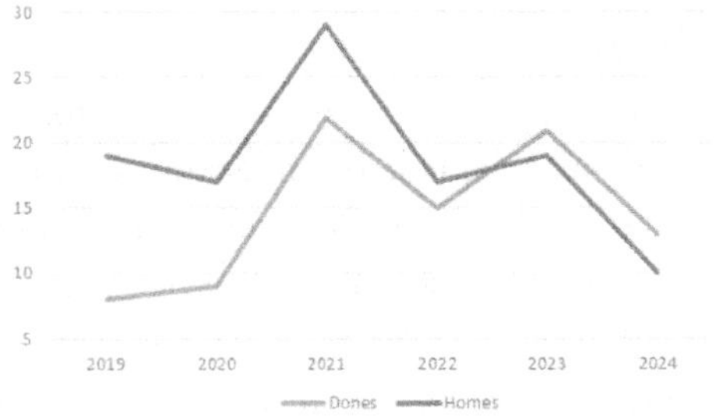

Gràfic 3. Evolució anual dels autors de cada Jornada de Recerca DEGD segons gènere.

Una altra característica que es dona és que hi ha autors i autores que signen varis articles en un mateix any, i que han repetit en varies Jornades de Recerca, de manera que la suma de les dues columnes de la Taula 3, no ens dona el total d'autors que han participat com a mínim una vegada en un article. El total d'autors que han participat és de 128 persones, i es poden veure ordenats pel nombre total d'articles publicats en aquests sis anys a l'annex 1 al final d'aquest article. Podreu veure que hi ha dos autors amb fins 18 articles signats, i una gran majoria de 89 autors en que sols han participat una única vegada. De fet, si agrupem els autors per número de col·laboracions a la Jornada de Recerca DEGD podem obtenir la Taula 4, i si ho mirem amb el Gràfic 4, que ens agrupa de manera percentual el número d'autors segons les seves participacions, encara és molt més clar.

número de col.laboracions	autors
15 o més	3
entre 10 i 14	3
entre 5 i 9	7
3 ó 4 col.laboracions	11
2 col.laboracions	15
1 col.laboració	89
total autors	128

Taula 4. Número d'autors que han participat en total en aquestes sis anys de Jornades de Recerca DEGD, segons el seu número de participacions.

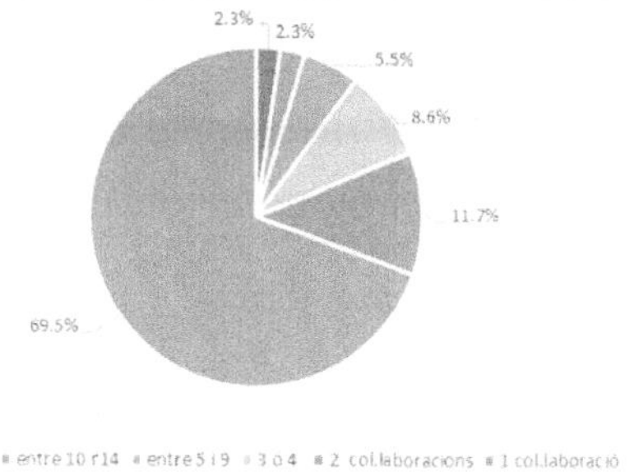

Gràfic 4. Percentatge d'autors segons les seves participacions en els sis anys de Jornades de Recerca.

5. Idioma

En la plantilla que es facilita als autors per escriure l'article a la Jornada de Recerca DEGD, queda explícit que es pot utilitzar qualsevol dels tres idiomes de treball de la UPC (català, espanyol i anglès), però també qualsevol altre llengua occidental habitual en recerca (francès, alemany i italià). Tot i això fins ara sols s'han presentat articles en les tres llengües de treball UPC. En la Taula 5 queda definit que, dels 97 articles presentats en les sis edicions portades a terme fins ara, la llengua més emprada ha estat l'espanyol amb més de la meitat, en concret 51, mentre que en català s'han presentat 37 ponències, i en anglès 9 treballs en total. Podem veure les dades de manera percentual en el Gràfic 5.

	CAT	ESP	ENG
2019	7	6	0
2020	7	7	1
2021	5	10	3
2022	4	12	1
2023	7	7	3
2024	7	9	1
total	37	51	9

Taula 5. Total de treballs presentats segons idioma per cada any.

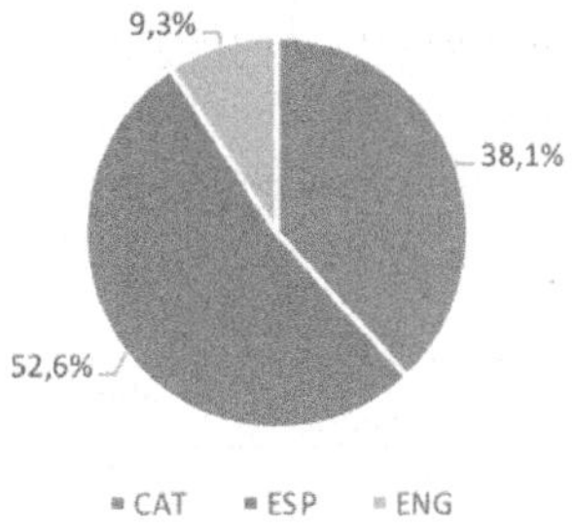

Gràfic 5. Percentatge total de treballs presentats segons idioma.

6. Les seccions departamentals

El Departament d'Enginyeria Gràfica i de Disseny de la UPC està organitzat en sis seccions departamentals: Barcelona Campus Diagonal Sud (ETSEIB), Barcelona Campus Diagonal Besòs (EEBE), Campus de Terrassa (ESEIAAT), Campus Vilanova i la Geltrú i Castelldefels (EPSVG i EETAC), Campus de Manresa (EPSEM) i Secció d'Enginyeria Paperera. La gran majoria del 128 autors que hem identificat en l'annex 1 pertanyen al DEGD, a qualsevol de les seves seccions, però també hi ha autors pertanyents a altres departaments de la UPC, i inclús a altres universitats. Si fem l'exercici de catalogar cada article presentat associant-lo a una secció determinada, en funció dels seus autors, veurem que, excepte la secció de Manresa, podem distribuir els articles entre totes les seccions, tot i que també tenim que introduir una categoria per aquells articles que han estat signats de manera conjunta per autors de vàries seccions. Els números absoluts per seccions els podem veure a la Taula 6, i els valors percentuals al Gràfic 6, que demostra que més de la meitat de les ponències presentades en aquests sis anys de Jornades de Recerca estan associades a les seccions de Diagonal Besòs i Terrassa.

	BCN-EEBE	Terrassa	E. Paperera	Vilanova	BCN-ETSEIB	Col.laboració
2019	3	4	1	3	0	2
2020	4	6	2	2	1	0
2021	5	2	3	1	2	5
2022	3	8	4	0	0	2
2023	9	1	2	0	1	4
2024	8	3	3	0	0	3
total	32	24	15	6	4	16

Taula 6. Articles presentats a les jornades de Recerca segons secció departamental i any.

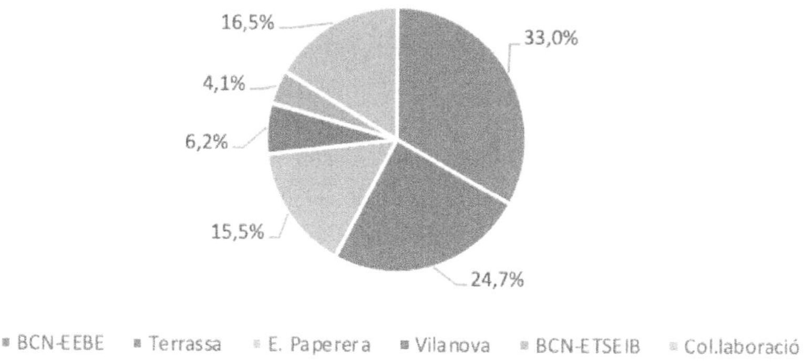

Gràfic 6. Total articles presentats a les Jornades de Recerca segons secció departamental.

7. Edició del llibre de les Jornades DEGD

Tal i com s'ha explicat a la introducció, tots els articles presentats a les Jornades de Recerca DEGD es poden consultar en el llibre que es publica anualment, editat per l'editorial OmniaScience (Terrassa), sempre amb el seu corresponent ISBN i DOI. Les dades principals es poden veure a la Taula 7, en que s'inclou també l'enllaç al repositori de recerca de la UPC (upcommons) on es poden consultar els llibres.

	Títol	ISBN	DOI	Upcommons	editors
2019	Llibre d'actes I Jornada de Recerca EGE-UPC 2019	978-84-947996-5-5	https://doi.org/10.3926/ege2019		Jose Luis Lapaz, Oscar Farrerons, Joan Antoni López
2020	Recerca i Tecnologia en Enginyeria Gràfica i Disseny a la Universitat Politècnica de Catalunya	978-84-120643-7-7	https://doi.org/10.3926/ege2020	http://hdl.handle.net/2117/181400	Jose Luis Lapaz, Oscar Farrerons, Joan Antoni López
2021	Recerca i Tecnologia en Enginyeria Gràfica i Disseny a la Universitat Politècnica de Catalunya (Volum 2)	978-84-122028-8-5	https://doi.org/10.3926/ege2021	http://hdl.handle.net/2117/343960	Jose Luis Lapaz, Oscar Farrerons, Noelia Olmedo
2022	Research and Technology in Graphic Engineering and Design at the Universitat Politècnica de Catalunya	978-84-123480-7-1	https://doi.org/10.3926/ege2022	https://upcommons.upc.edu/handle/2117/377268	Jose Luis Lapaz, Oscar Farrerons, Noelia Olmedo
2023	Avenços en recerca i desenvolupament del Departament d'Enginyeria Gràfica i de Disseny	978-84-126475-1-8	https://doi.org/10.3926/ege2023	http://hdl.handle.net/2117/386756	Oscar Farrerons, Noelia Olmedo, Alba Ramos, Blanca Roncero
2024	Research advances in Graphic and Design Engineering at the UPC BarcelonaTech	978-84-126475-7-0	https://doi.org/10.3926/ege2024	http://hdl.handle.net/2117/405090	Oscar Farrerons, Noelia Olmedo, Blanca Roncero, Arantza Villa

Taula 7. Dades principals dels sis libres editats fins ara en els Jornades de Recerca del DEGD.

La coberta del llibre de 2019 va ser dissenyada per OmniaScience, a partir d'una imatge genèrica. Però en les següents publicacions l'edició de la coberta (també per OmniaScience) es va basar en alguna imatge dels articles presentats. En el de 2020, es va basar en una figura de l'article d'Alba Ramos. En el de 2021, en una imatge de Nil Pegueró i Manuel López Membrilla. En 2022 en una combinació de figures d'Oscar Farrerons, Ivan Roldán, Sílvia Escursell, M. Blanca Roncero, Pere Llorach, Cesc Mestres, Jose Luis Lapaz, Sergio Gómez, Daniela

Vlad, José López, i Enrique Fernández. En 2023 en una imatge de Sílvia Escursell. I en 2024 en una combinació d'imatges de Mariolly Dávila, Andrea Parga i Oscar Farrerons. Es poden veure les sis cobertes dels llibres de la Jornada de Recerca DEGD en la Figura 1.

Figura 1. Cobertes dels sis llibres editats de les Jornades de Recerca DEGD. Ordenats d'esquerra a dreta i de dalt a baix: 2019, 2020, 2021, 2022, 2023 i 2024.

8. Conclusions

Les Jornades de Recerca del Departament d'Enginyeria Gràfica i de Disseny de la UPC es van implementar a partir de 2019 per facilitar el coneixement de la recerca que es portava a terme als diferents grups i campus del DEGD. Tant per donar-la a conèixer a l'exterior del departament, com també entre el professorat del mateix departament, per afavorir-ne la complementarietat, les sinèrgies i també els treballs conjunts. A aquest objectiu inicial també s'hi ha afegit l'objectiu de facilitar la publicació de recerca dels professors joves (lectors i becaris principalment) acabats d'arribar al nostre departament. Llegint els diferents treballs presentats en aquests sis anys, es pot observar la gran varietat de temàtiques assolides, i també la gran quantitat de col·laboracions amb professorat d'altres departaments de la UPC, i fins i tot d'altres universitats i/o empreses.

Aquest article ha presentat un breu estudi estadístic de les ponències de les sis edicions portades a terme fins a l'actual 2025 (no inclosa). Estudi que ha de permetre a l'actual equip directiu del departament EGD prendre les decisions adequades per a fomentar la participació en els Jornades. O per decidir fer els canvis necessaris per fomentar algun tipus de recerca en concret, si es vol. En conclusió, es tracta d'un article que ha intentat mostrar el màxim de dades d'interès en quan a les Jornades de Recerca que s'organitzen, per afavorir el debat futur en el si del nostre departament, tenint en compte que l'organització d'aquestes Jornades comporta un esforç de temps, logística i diners pel DEGD.

Annex 1

Mª Blanca Roncero	18
Oscar Farrerons	18
José Luis Lapaz	15
Francesc Mestres	13
Noelia Olmedo	12
Bàrbara Sureda	11
Cristina Valls	8
Marta Peña	8
Bernat Faura	7
Olga Alcaraz	7
Oriol Cusola	7
Rosó Baltà	6
Elisabet Quintana	5
Ismail El Madafri	4
Joan Antoni López	4
Jordi Voltas	4
Mireia Puig-Poch	4
Enrique Fernández	3
Francisco Bermúdez	3
José López López	3
Julia Fernández	3
Pere Llorach	3
Sergio Gómez	3
Sílvia Escursell	3
Alba Ramos	2
Albert Turon	2
Andrés García	2
Anna Pujol	2
Francisco Hernández	2
Jasmina Casals	2
Javier Peña	2
Jordi Ivern	2
José M. Alsina	2
José María Ibáñez	2
Lucía Soto	2
Manel Lopez	2
Martí Beltran	2
Noemi Huete	2
Vicente Hernández	2
Agueda García	1
Alberto Bravo	1
Alejandro Datas	1
Àlex Trejo	1
Alfred Fontanals	1
Alfredo Guardo	1
Amàlia Bardolet	1
Andrea Iriarte	1
Andrea Parga	1
Antonio Clemente	1
Antonio L. Torres	1
Berta Mayans	1
Boris Lazzarini	1
Carles Ferrer	1
Carles Margelí	1
Carlos del Cañizo	1
Carlos González	1
Carmen Martín	1
Cèsar Arenas	1
Cindy Ramírez	1
Clàudia Cruanyes	1
Cristina Molas	1
Daniela Vlad	1
David Hernández	1
David Lopez	1

Edgar Isaac Rivas	1
Elisabeth Serra	1
Erik van Sebille	1
Ernest Ubasart	1
Estíbaliz Sáez	1
Eugenio Rabanedo	1
Eva Vidal	1
Fermín Sánchez	1
Fortià Prat	1
Francesc Alpiste	1
Francisco López	1
Gemma Tejedor	1
Geraldine Durango	1
Gil Serrancol	1
Gorka Bueno	1
Guillem Guerrero	1
Hugo Escolà	1
Inés Ayestaran	1
Inés Ylla	1
Ivan Hernandez	1
Iván Roldán	1
Jaume Pregonas	1
Joan Climent	1
Joan Gensana	1
Joan Jaume Prat	1
Joana Lalueza	1
Joaquim Marqués	1
Jonathan García	1
Jordi Segalàs	1
Jordi Torner	1
José Antonio Castán	1
José Ignacio Fiz	1
Josep Farré	1
Josep Mª Monguet	1
Josep Xercavins	1
Juan Carlos Marcillo	1
Luis Mujica	1
Manel Balfegó	1
Marcel Pallarés	1
Mariolly Dávila	1
Marta González	1
Marta López	1
Miguel A. Sánchez	1
Miquel Soriano	1
Montserrat Carbonell	1
Nicolás Capparelli	1
Nil Peguero	1
Núria Camp	1
Oriol Caro	1
Orlando Rojas	1
Pablo Blasco	1
Pablo Buenestado	1
Pere Busquets	1
Rafael Miñano	1
Ricardo Villar	1
Roger Puig	1
Rubén de Castro	1
Ruoshi Wang	1
Salvador Campderrós	1
Salvador Soler	1
Sergio Morancho	1
Teresa Vidal	1
Trinitat Pradell	1
Xavier Bastardas	1

Llistat de tots els autors que han participat a les Jornades de Recerca DEGD, ordenants pel número total de participacions.

Dissenyant una resclosa amb esterilització (un SAS passamaterials)

David Manzanares Rebull

Escola d'Enginyeria de Barcelona Est

Oscar Farrerons Vidal

Escola d'Enginyeria de Barcelona Est

Departament d'Enginyeria Gràfica i de Disseny

Resum

L'objecte d'aquest document és explicar el disseny íntegre d'un SAS passamaterials. Aquest objecte industrial comunament utilitzat en sales blanques és una resclosa que permet el pas de materials o productes entre diferents sales amb la possibilitat d'esterilització d'aquests, mantenint una temperatura i pressió constants. Aquest dispositiu se situa en les anomenades sales blanques, un àmbit de la indústria en auge a raó de les múltiples aplicacions que presenta. L'esterilització i control de l'ambient gràcies al disseny únic de la sala, admet molts serveis i resulta considerablement atractiu. Aquests aspectes fan palès, la necessitat d'estudi d'aquestes cabines d'aire i la investigació i implementació de millores. Així doncs, el cos del treball és el de dur a terme el disseny del SAS realitzant un estudi previ del desenvolupament del mecanisme conjuntament amb les bases físiques que constitueixen el seu funcionament, per una acurada concepció de l'objecte. Seguidament, es presenta l'optimització del disseny dut a terme a través de millores tècniques i estructurals, així com l'estudi de possibles modificacions per tal d'aconseguir-les. Finalment, es valora la viabilitat d'aquestes modificacions i millores per a la validació del disseny final i la seva posterior fabricació. Aquests aspectes del document es presenten i formalitzen coherents a l'enginyeria, permetent, arran d'aquest estudi, l'aplicació de conceptes intrínsecs.

Abstract

The aim of this document is to explain the design of a complete SAS pass box system. This industrial object commonly used in clean rooms is an airlock that allows the passage of materials or products between different rooms with the possibility of sterilising them, maintaining a constant temperature and pressure. This device is located in the so-called clean rooms, a growing area of the industry due to its multiple applications. The sterilisation and control of the environment thanks to the unique design of the room, allows for many services and is considerably attractive. These aspects make it clear that there is a need to study these air cabins and to research and implement improvements. Thus, the body of the work is to carry out the design of the SAS by performing a preliminary study of the development of the mechanism together with the physical bases that constitute its operation, for a careful conception of the object. Afterwards, the optimisation of the design is presented through technical and structural improvements, as well as the study of possible modifications to achieve them. Finally, the feasibility of these modifications and improvements is assessed for the validation of the final design and its subsequent manufacture. These aspects of the document are presented and formalised coherently to the field of engineering, allowing, as a result of this study, the application of concepts intrinsic to the field.

----

1. Introducció

1.1. Què és un SAS passamaterials?

L'objecte industrial anomenat SAS passamaterials, també conegut com a "Pass box" o "Pass through", és una resclosa que permet el pas de materials o productes entre diferents sales amb la possibilitat d'esterilització d'aquests, mantenint una temperatura i pressió constants. Comunament utilitzats en sales blanques, és un element essencial per tal de transferir material de forma segura i neta, i conseqüentment, treballar amb material lliure de contaminació externa. En ambients d'aquest caire, en els que es realitzen procediments i es fan servir materials perillosos, és explícita la importància dels SAS passamaterials perquè es pugui dur a terme de forma controlada, sigui en sales blanques, laboratoris o d'altres instal·lacions de similars característiques.

1.2. Principis físics

Els SAS passamaterials més complets, requereixen especificacions exigents, i per tant apliquen diverses tècniques per al funcionament dels aparells mecànics, electrònics o electromagnètics, entre d'altres. Primerament, cal entendre que en la seva creació inicial, aquests objectes foren concebuts com a simples rescloses d'aire per a sales blanques, de manera que consten d'elements indispensables. Com a tal, aplicant mecànica de fluids, és necessari controlar el volum d'aire que s'administra a la resclosa a través de vàlvules d'entrada i de sortida. És important disposar d'un sistema de canonades perquè hi flueixi l'aire, habitualment situat a les cavitats de les parets de la resclosa. Per finalitzar el disseny base que assenta els principis de l'aparell, és indispensable un filtre de tipus HEPA, que actua com a recollidor de partícules d'alta eficiència (1).

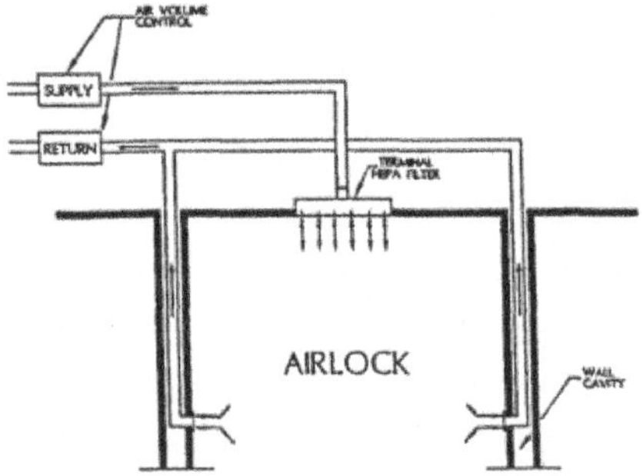

Figura 1. Esquema de resclosa d'aire. Font: (1).

Un cop definits els fonaments que defineixen el funcionament del SAS passamaterials, es concreten els aspectes més específics. És indispensable introduir el precepte general de l'escalonament de pressions (2), generalment estipulat entre 10 i 15 Pa.

El pilar que fonamenta l'efectivitat de les sales netes modernes, i que ha sigut transmès per a les "pass boxes" és el de flux laminar que permet una major netedat i manteniment constant de magnituds com pressió i temperatura, gràcies al moviment ordenat i estratificat del fluid que es mou en forma de làmines paral·leles. Aquest fenomen s'aconsegueix amb la inclusió de turbines amb temporitzador i regulador de caudal, així com filtres ULPA, entre altres instruments mencionats.

2. Consideracions de disseny

2.1. Pressió

De manera habitual s'utilitza un mètode de salt de pressions. En general, totes les normatives referents a sales netes o ambients controlats fan referència a la necessitat de crear nivells de pressió diferencial entre les diferents zones amb la finalitat de mantenir la neteja de les zones més netes o mantenir la contenció de les zones contaminades. Bàsicament, totes les normes coincideixen a recomanar salts de pressió de 10 a 15 Pa, tot i que en alguns casos s'accepten salts a partir de 5 Pa. (3, 4). Per tant, no hi ha un valor exacte al qual s'hagi d'atribuir la pressió òptima per a un SAS passamaterials, sinó que aquest depèn de les pressions a les quals estiguin sotmeses les sales exteriors, procurant sempre mantenir una pressió escalada entre la sala exterior i la sala blanca, que es mantingui en un rang d'entre 10 i 15 Pa preferentment, entre sales.

2.2. Temperatura

Pel que fa a la temperatura, generalment es manté en línia amb la temperatura ambient de l'àrea controlada o la sala neta a la qual està connectat. Per tant, la temperatura exacta pot variar depenent de l'entorn en el qual es trobi el SAS i dels requisits específics de l'aplicació. En molts casos, s'intenta mantenir una temperatura constant i controlada per a garantir que no hi hagi fluctuacions que puguin afectar els processos o productes dins de l'entorn controlat.

2.3. Humitat

La humitat pot ser un problema que es generi a l'interior d'aquests aparells, ja que és un aspecte a controlar en sales blanques. Humitats baixes poden provocar estàtica que dificulta el pas de materials i propícia excitació de partícules. Però si la humitat és molt alta, hi ha risc d'oxidació metàl·lica. Per tal de mantenir els nivells d'humitat estables a un percentatge acceptable, l'objectiu és mantenir-los per sota del 45 % (5). Cal remarcar, però, que en cas de la sala blanca i el SAS passamaterials trobar-se a una zona d'aire sec, aquests nivells d'humitat poden arribar a estar a un marge per sota del 30 %.

2.4. Materials

Seguint els criteris de selecció pertinents s'han seleccionat els materials que confeccionen els diferents conjunts corresponents.

Peça/Conjunt	Material	Propietats destacades
Cos del SAS	AISI 304	Resistència als esforços i a la corrosió
Filtre HEPA H14	Fibra de vidre	Capacitat de filtració i disponibilitat
Maneta	PA6 GFR30	Resistència i assequibilitat
Goma portes d'accés	Cautxú de silicona	Elasticitat i resistència
Làmpades UV	Quars i LED	Eficiència i sostenibilitat

Taula 1. Materials per peça o conjunt.

3. Disseny

En aquesta secció enllaçant amb la següent s'ateny una explicació del disseny elaborat, compost per les seves corresponents peces. L'estructura de confecció del model és la combinació d'una cadena de subacoblaments, aquests es poden veure amb la nomenclatura assignada a cada un d'ells a continuació. Cada un d'aquests subacoblaments conté una sèrie de peces que el conformen, configurades amb unes relacions de posició determinades.

En primer lloc, cal tenir en compte que la concepció d'aquest disseny és realitzada d'acord amb els estàndards de la indústria, en aquest cas corresponent a la indústria farmacèutica, i en l'experiència i material facilitat d'un objecte ja assentat al mercat amb un funcionament i disseny contrastat.

Figura 2. Render final SAS passamaterials.

És destacable mencionar que existeixen diversos tipus de SAS passamaterials, però addicionalment, de cada tipus se n'ofereixen diversos models amb varies dimensions. És clar que es poden portar a cap casos especials en què les dimensions difereixin de les habituals per cobrir necessitats del client. Però en aquest treball, s'ha enfocat la concepció d'un disseny d'acord amb els estàndards establerts, a partir dels models més usuals per tal d'arribar a un resultat que s'adeqüi a les necessitats de la indústria, però faci un salt qualitatiu aplicant millores que contrastin amb els avenços de l'actualitat.

4. Elements

4.1. Cos del SAS

La part central del model. Constitueix la base per a poder acoblar les altres parts en conseqüència. Com a exemplificació d'aquest fet, el cos de la resclosa és el conjunt que més pes acumula, essent l'esquelet del SAS passamaterials.

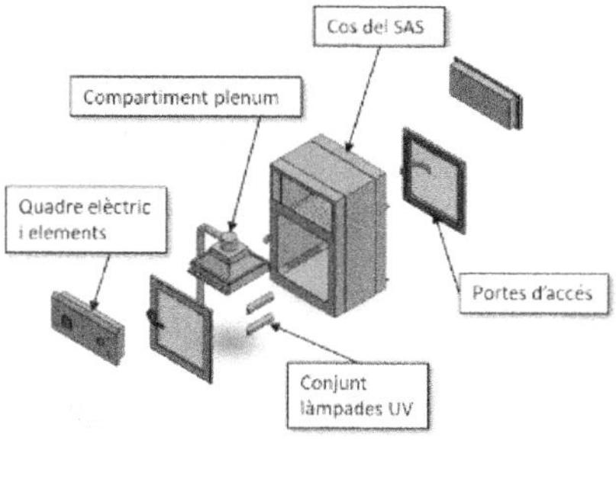

Figura 3.Explosionat SAS.

4.2. Compartiment plenum d'aire

Aquest acoblament és un dels conjunts principals que conformen el model del SAS passamaterials. Constitueix una part indispensable, ja que té un paper protagonista en el control de fluids de la màquina, és a dir, en la recirculació de l'aire que permet desinfectar els objectes que es transfereixen a través de la resclosa, i reciclar aquest aire gràcies a l'acció d'un filtre.

4.3. Portes d'accés

Les portes d'accés conformen una part essencial del SAS passamaterials. La seva composició i disseny permeten una estanquitat remarcable i donen sentit a l'ús de la resclosa. Gràcies a aquest tancament precís que aconsegueixen el procés de descontaminació és efectiu, i s'aconsegueix mantenir la disparitat entre l'ambient a l'interior de la sala blanca i l'ambient a l'exterior d'aquesta. És molt important que per tal d'assolir-ho, la porta disposi dels diversos elements que la componen.

4.4. Quadre elèctric i elements

Els quadres elèctrics constitueixen una part ínfima mecànicament, més enllà de l'acabat que dona a la part superior de l'objecte i l'embelliment del SAS passamaterials. Però en conjunt esdevé una part imperativa a causa de l'equip elèctric i electrònic que allotja.

Podem diferenciar entre el quadre elèctric on hi ha el PLC, que també disposarà de manòmetre diferencial, d'una pantalla HMI i finalment dels polsadors LED. Per altra banda, el quadre elèctric corresponent a la cara adjacent a la sala blanca, presentarà ambdós polsadors LED únicament.

4.5. Làmpades UV i reflectors

Aquest és un equip addicional que no es col·loca a tots els SAS passamaterials. Es tracta d'un conjunt per a una òptima desinfecció i assoliment d'esterilització a l'hora de transferir materials. El conjunt descrit disposa de dues parts, els dos reflectors, i les làmpades en qüestió.

5. Funcionament

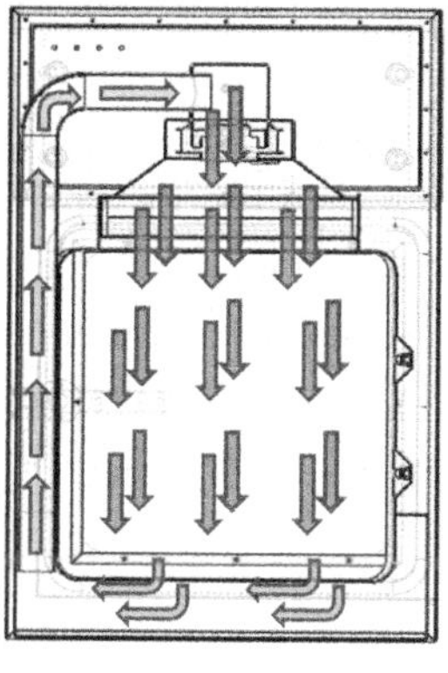

Figura 4. Croquis flux d'aire.

D'acord amb el principi de flux laminar, les diverses parts del SAS passamaterials són dissenyades per crear un circuit tancat de pròpia recirculació i filtració d'aire, com podem veure a la imatge superior. La generació del moviment de l'aire s'origina a la part motoritzada, el ventilador, que a través de les hèlixs en forma helicoidal i el moviment circular generat a partir de potència i electricitat, produeix el moviment de l'aire en direcció cap a la part inferior. Aquest aire encara retingut a la part del plenum, passa pel filtre HEPA H14, que reté de forma eficaç les partícules sobrants perquè la puresa de l'aire que s'expulsi cap a l'objecte sigui òptima. Ara bé, passa per un segon filtre un cop sortint del plenum, en passar per la xapa reixada de la càmera interior, que serviria de segona filtració, però principalment ajuda a la distribució uniforme de l'aire amb velocitat a la càmera del SAS. Magnituds característiques de l'objecte i el seu funcionament, velocitat, pressió i direcció, fan que l'aire aplicat a la càmera pressuritzi entre sales, mantingui l'esterilització i netegi el material. Aquest últim pas no és mèrit únicament de l'aplicació d'aire net a una determinada velocitat, sinó que les làmpades UV en aquest disseny realitzen una funció primordial per a la descontaminació del material.

Una vegada l'aire de la càmera arriba a una determinada acumulació i nivell de pressió, l'aire passa a la següent part del procés, on comença la recirculació. En l'àmbit de mecànica de fluids, és clar que aquests ocupen tot l'espai i volum que poden, de manera que seguidament l'aire passa, a través de les petites cavitats de la càmera del SAS cap a la safata de recirculació, que com bé indica el nom atorgat, no només s'encarrega de recollir l'aire brut, sinó de redistribuir-lo perquè segueixi el curs natural cap al tub de recirculació del plenum. La pressió diferencial que s'obté entre l'entrada i la sortida del tub, és la que defineix el moviment de l'aire de la part inferior adjacent a la safata cap a la part superior corresponent al plenum. Els fluids com l'aire en aquest cas, adquireixen velocitat direccional de forma constant en moure's de major pressió a menor pressió. D'eixa manera, l'aire arriba a la coberta superior del plenum i torna a redirigir-se amb el moviment del ventilador, reiniciant així el cicle de filtració i circulació de l'aire.

6. Validació de disseny

6.1. Flux d'aire

Aquestes línies de trajectòria confirmen el correcte comportament de l'aire a l'interior del SAS passamaterials a nivell general, que deriva en el funcionament desitjat per a la desinfecció del material dipositat i la circulació de l'aire.

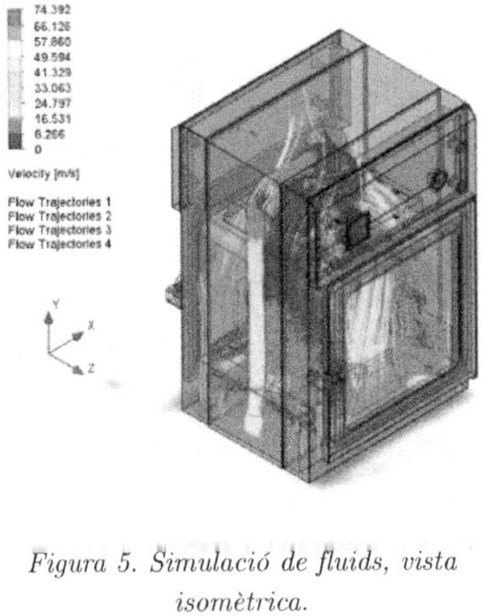

Figura 5. Simulació de fluids, vista isomètrica.

Per altra banda, la velocitat de l'aire es manté considerablement constant, gairebé a la totalitat del conjunt, però es poden diferenciar algunes zones d'actuació on la velocitat presenta variacions amb relació a les línies generals de la simulació. Es diferencien, però, en parts del SAS on ja es desitja aquest increment de velocitat o n'és coherent la seva pujada.

6.2. Temperatura i pressió

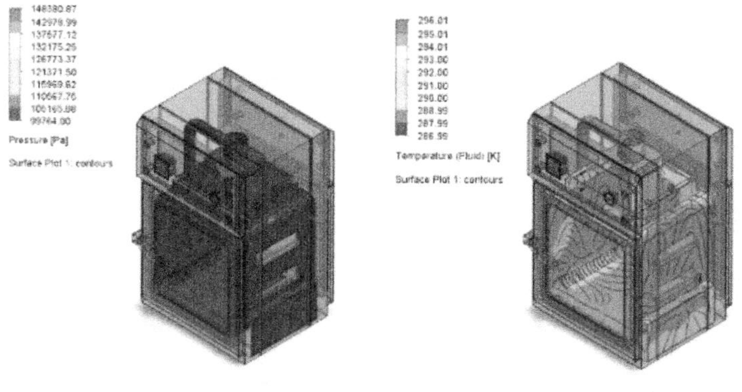

Figura 6. Simulació de fluids, temperatures i pressions.

La pressió que experimenten les cares interiors afectades a les zones d'implicació per acció de l'aire circulat són mostrades a la imatge superior. Es pot identificar de manera clara, la uniformitat i constància, en termes generals, de la pressió que actua a la xapa de l'interior. Coherentment, afecta les parts on es dona la trajectòria d'aire, que inclouen la càmera interior, la safata de recirculació, el tub i el plenum.

Els valors obtinguts de pressió es mantenen constants, un resultat òptim, ja que es busca el manteniment d'aquestes magnituds crítiques per als fluids. Representen una amenaça nul·la envers la resistència del material, que es veuria compromès amb valors al voltant dels 150 MPa, com podem veure a la llegenda mostrada a la imatge.

En referència a la temperatura es representen novament de forma significativa a la imatge, les zones afectades per la circulació del fluid.

En termes generals, la temperatura que assoleix el fluid es mou al voltant dels 295K segons la llegenda mostrada, equivalent a uns 22 ºC, que són coherents amb la situació del fluid atès que és exposat a circulació constant. Ara bé, aquest valor no representa una amenaça al comportament del fluid i funcionament del SAS, així com tampoc representa un perill per a la resistència tèrmica del material. Aquest fet es pot veure representat al resultat de la simulació on sobrepassar el color vermell suposaria posar en perill la integritat del material.

Referències

1. Abdou, O.A., & Peyton, T.H. (1995). Industrial Clean Rooms: Architectural Engineering Considerations. *Journal of Architectural Engineering,* 1(1), 37-52.https://doi.org/10.1061/(ASCE)1076-0431(1995)1:1(37)

2. *Transferencia de Materiales en Salas Limpias Sas y Esclusas* | PDF | Contaminación | Ultravioleta. Scribd. [online]. [Accessed 7 February 2024]. Available from: https://es.scribd.com/document/554147914/articulo-transferencia-de-materiales-en-salas-limpias-sas-y-esclusasScribd

3. *Guía de Normas de Correcta Fabricación. Agencia Española de Medicamentos y Productos Sanitarios.* [online]. 20 August 2019. [Accessed 13 May 2024]. Available from: https://www.aemps.gob.es/industria-farmaceutica/guia-de-normas-de-correcta-fabricacion/?lang=ca

4. WHO Expert Committee on specifications for pharmaceutical preparations. (2008). *Revista do Instituto de Medicina Tropical de São Paulo*, 50(3), 144-144.https://doi.org/10.1590/S0036-46652008000300013

5. Useller, J.W. (1969). *Clean Room Technology. Technology Utilization Division, National Aeronautics and Space Administration.* Google-Books-ID: OgW8AAAAIAAJ.

6. Manzanares, D., & Farrerons, O. (director). (2024). *Disseny i optimització d'un SAS passamaterials.* http://hdl.handle.net/2117/420360

Análisis de la red de asistencia humanitaria del Centro Logístico Regional de Asistencia Humanitaria (CLRAH)

Juan C. Marcillo-Delgado

Escola d'Enginyeria de Barcelona Est

Departament d'Enginyeria Gràfica i de Disseny

J. Tatiana Hidrobo-Morales

Escola T. Superior d'Enginyeria de Camins, Canals i Ports de Barcelona

Departament d'Enginyeria de Projectes i de la Construcció

Resumen

En apoyo a los esfuerzos de coordinación de la asistencia humanitaria en todo el mundo, el Gobierno de la República de Panamá creó el Centro Logístico Regional de Asistencia Humanitaria (CLRAH). Este estudio analiza el desarrollo de las relaciones de asistencia en casos de desastres generadas a través del CLRAH entre 2017 y 2021 utilizando los algoritmos de análisis de redes Louvain y Spin-glass. Los hallazgos destacan las relaciones y operaciones de los usuarios estratégicos del CLRAH (Federación Internacional de Cruz Roja y Media Luna Roja, el Depósito de Respuesta Humanitaria de las Naciones Unidas y el Sistema Nacional de Protección Civil de Panamá). Entre otros aspectos, se destacan las principales crisis humanitarias asistidas, el vínculo entre los tipos de ayuda y las categorías de desastre, los factores que influyen en los niveles de ayuda recibidos por los países receptores y las limitaciones en la entrega de ayuda durante las crisis. Se subraya la importancia del propósito humanitario, el impacto de los desastres y las vulnerabilidades regionales a la hora de configurar los patrones de distribución de la ayuda, ofreciendo información valiosa para optimizar los esfuerzos de respuesta humanitaria global.

Palabras clave: Red humanitaria, Asistencia humanitaria, Algoritmos de detección de comunidades.

Abstract

In support of global efforts to coordinate humanitarian assistance, the Government of the Republic of Panama established the Regional Logistics Center for Humanitarian Assistance (CLRAH). This study examines the development of disaster relief relationships facilitated by the CLRAH between 2017 and 2021, utilizing Louvain and Spin-glass network analysis algorithms. The findings highlight the relationships and operations of CLRAH's strategic users (International Federation of Red Cross and Red Crescent Societies, United Nations Humanitarian Response Depot, and Panama's National Civil Protection System). Key aspects include the major humanitarian crises addressed, the link between types of aid and disaster categories, the factors influencing aid levels received by recipient countries, and the constraints on aid delivery during crises. The study underscores the importance of humanitarian purpose, disaster impact, and regional vulnerabilities in shaping aid distribution patterns, providing valuable insights to optimize global.
Keywords: Humanitarian network, Humanitarian assistance, Community detection algorithms.

---

1. Introducción

El Centro Logístico Regional de Asistencia Humanitaria (CLRAH) es una plataforma logística de asistencia humanitaria, cuyo fin es facilitar las actividades de recepción, manejo, almacenamiento y redistribución de insumos y equipos, así como la movilización de recurso humano; consolidando a Panamá como el primer Hub Humanitario para América Latina y el Caribe (MINGOB, 2021). Los principales usuarios estratégicos del CLRAH son la Federación Internacional de Sociedades de la Cruz Roja y de la Media Luna Roja (IFRC), el Depósito de Respuesta Humanitaria de las Naciones Unidas (UNHRD) y el Sistema Nacional de Protección Civil (Marcillo-Delgado, Guerra de Castillo, Alvarez-Garcia & García-Carrillo, 2025).

SINAPROC es la institución panameña encargada de ejecutar medidas, disposiciones y órdenes destinadas a evitar, anular o disminuir los efectos causados por desastres o crisis a nivel local (MINGOB, 2021). Por su parte, IFRC y UNHRD son organizaciones humanitarias internacionales que proporcionan servicios logísticos para el almacenamiento y envío rápido de artículos de socorro de emergencia a las zonas afectadas (Marcillo-Delgado et al., 2025). IFRC apoya principalmente a sus sociedades nacionales de la Cruz Roja, mientras que UNHRD ofrece sus servicios a todas las organizaciones humanitarias, entidades gubernamentales y empresas privadas que deseen asistir a una zona afectada en caso de crisis (Marcillo-Delgado et al., 2025).

Uno de los principales desafíos en las crisis humanitarias es la creación de redes de donantes comprometidas, dispuestas a asistir a las personas afectadas, con el objetivo de reducir el sufrimiento humano y minimizar la mortalidad causada por los desastres (Tofighi, Torabi & Mansouri, 2016). Tener una red de donantes organizada en tiempos de crisis es vital para planificar la asignación suministros de socorro y aliviar el sufrimiento de las víctimas (Sun, Li, Wang & Xue, 2022). Según Jahre y Jensen (2010), la gestión de donantes a través de clústeres facilita la formación de alianzas estratégicas entre organismos como la ONU, las ONG y las autoridades locales. Entre otros aportes, este tipo de enfoque permite minimizar las consecuencias de los desastres al organizar la ayuda humanitaria en sectores específicos, optimizando así la coordinación y la efectividad de la respuesta (Jahre & Jensen, 2010).

Así, el objetivo del presente estudio es analizar la red de asistencia humanitaria que brinda el Centro Logístico Regional de Asistencia Humanitaria a través de sus usuarios estratégicos CLRAH, IFRC y SINAPROC entre 2017 y 2021. Es objetivo incluye los tipos de ayuda proporcionada, las categorías de desastres atendidos y los factores que influyen en la distribución y los niveles de asistencia.

2. Materiales y métodos

La unidad de análisis de este estudio es la red logística del CLRAH generada por los donantes por la IFRC, SINAPROC y UNHRD. La

Figura 1 muestra el tamaño en m^2 de las instalaciones y la distribución de los usuarios estratégicos en el CLRAH.

Figura 1. Distribución del Centro Logístico Regional de Asistencia Humanitaria (CLRAH). Fuente: (Ministerio de Gobierno, 2022).

El departamento de logística de IFRC ubicado en el CLRAH es la columna vertebral de las sociedades de la Cruz Roja y la Media Luna Roja, con acceso y recursos para brindar ayuda donde y cuando sea necesario, contribuyendo directamente al sistema logístico humanitario global (Ministerio de Gobierno, 2022). Por otro lado, SINAPROC es la agencia encargada de la planificación, investigación, gestión, supervisión y organización de políticas y acciones orientadas a la prevención de riesgos materiales y psicosociales en Panamá (SINAPROC, 2022). UNHRD es una agencia de las Naciones Unidas (ONU) que proporciona almacenamiento, apoyo logístico y servicios a diferentes agencias de la ONU, gobiernos y organizaciones no gubernamentales (Schulz & Blecken, 2010).

Cabe destacar que tanto IFRC como UNHRD brindan apoyo humanitario a nivel mundial, para hacer que sea más rápido el servicio de entrega cuentan con almacenes humanitarios estratégicamente ubicados en diferentes países del mundo. IFRC tiene Unidades Regionales de Logística estratégicamente localizadas en Australia, Malasia, Panamá, España y los Emiratos Árabes Unidos (Schulz & Blecken, 2010). Por su parte, la UNHRD cuenta con almacenes humanitarios situados en Ghana, Italia, Malasia, Panamá, España y los Emiratos Árabes Unidos (Schulz & Blecken, 2010). Por lo tanto, el presente estudio se centra en el análisis de la ayuda humanitaria proporcionada por la IFRC y la UNHRD desde el CLRAH ubicado en Panamá.

La Figura 2 muestra la ayuda humanitaria proporcionada a través del CLRAH durante el periodo 2018-2021. El eje izquierdo representa la ayuda humanitaria en toneladas y el eje derecho en millones de dólares. Ambos indicadores han evolucionado de manera proporcional a lo largo de los años, con un notable aumento de la ayuda durante el periodo 2020-2021, un periodo en el que surgió la enfermedad COVID-19.

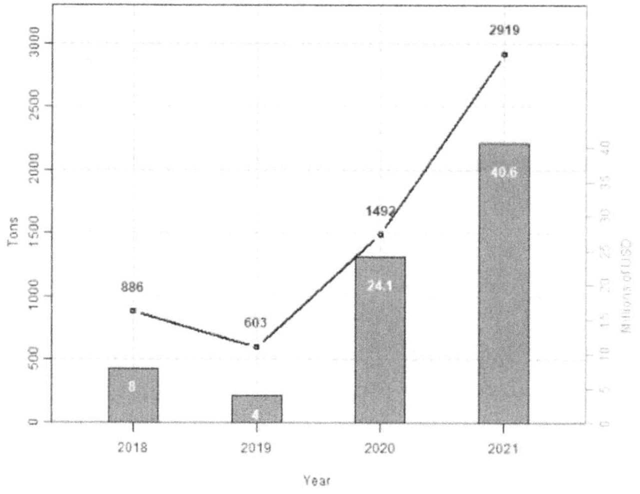

Figura 2. Ayuda humanitaria proporcionada a través del CLRAH durante el período 2018-2021 en toneladas y millones de dólares. Fuente: Ministerio de Gobierno (2022).

2.1. Algoritmos de clasificación de redes en comunidades

El análisis de detección de comunidades se utilizó para examinar la red de apoyo humanitario. Se consideró el algoritmo con máxima modularidad del conjunto de algoritmos de clasificación ofrecidos por la librería igraph del software libre R (Csardi, 2022; R Core Team, 2022).

El nexo formado por donantes y beneficiarios se clasificó utilizando el algoritmo de Louvain para redes ponderadas (ponderado por el peso de la carga enviada, medido en kilogramos). Este análisis se llevó a cabo mediante un método llamado "detección de comunidades", que implica la partición de la red en comunidades de nodos densamente conectados, mientras que los nodos que pertenecen a diferentes comunidades están débilmente conectados (Blondel, Guillaume, Lambiotte, & Lefebvre, 2008).

De manera similar, el enfoque de redes se utilizó para analizar la relación entre el tipo de ayuda humanitaria enviada por la IFRC y los diferentes riesgos materializados. Se empleó la función cluster spinglass del software R, que clasifica la red en comunidades mediante modelos de vidrio de espín y recocido simulado (Csardi, 2022; Reichardt & Bornholdt, 2006).

3. Resultados

Durante el periodo 2017-2021 el CLRAH ha posibilitado la atención a una serie de crisis humanitarias derivadas de amenazas naturales y factores antropogénicos como se videncia en la Figura 3.

En el período 2017-2021 el CLRAH ha permitido el envío de 6,402 toneladas de carga orientada a la asistencia humanitaria. El 41.5 % de las donaciones provinieron de IFRC, y el 58.3 % se canalizó a través de UNHRD, cuyos principales socios donantes fueron OMS (16.2 %), PMA (13.7 %), ACNUR (10.8 %) y UNICEF (8.9 %). Del lado de los países receptores, el 64% de la ayuda humanitaria se dirigió a Panamá

(20.68 %), Venezuela (12.05 %), Haití (11.38 %), Cuba (9.14 %), Honduras (6.2 %) y Nicaragua (4.53 %).

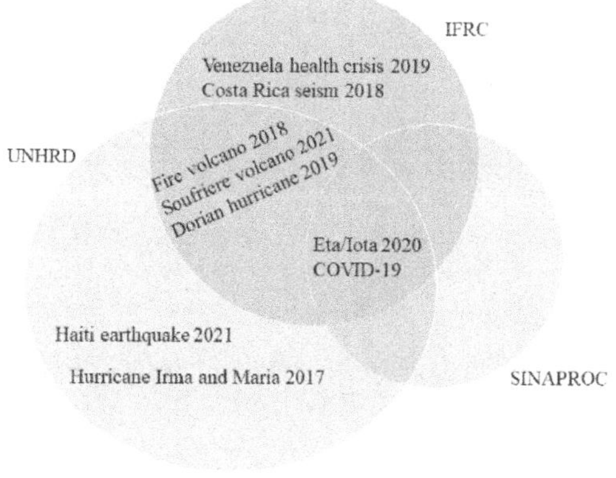

Figura 3. Principales crisis humanitarias registradas en el período 2017-2021.

La Figura 4 muestra la composición de la ayuda humanitaria enviada por IFRC según el tipo de carga en kilogramos. La mayoría de la ayuda se orientó a suministros de emergencia, seguido por agua, saneamiento e higiene (WASH) y logística.

La Figura 5 muestra la evolución de la ayuda humanitaria por tipo de carga en el contexto de UNHRD. La ayuda humanitaria vinculada a salud y protección aumentó durante el período 2020-2021, mientras que las donaciones de insumos logísticos, suministros para personal y gestión de campamentos disminuyeron.

La Figura 6 evidenció específicamente la ayuda enviada por SINAPROC a nivel local, que consistió principalmente en colchones, kits de limpieza para el hogar, kits de higiene personal y kits de cocina.

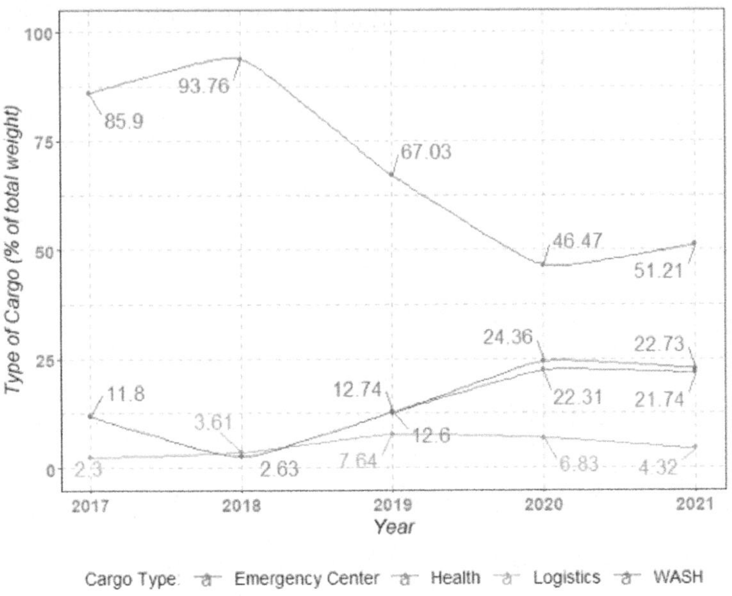

Figura 4. Tipo de carga enviada desde la IFRC en el período 2017-2021.

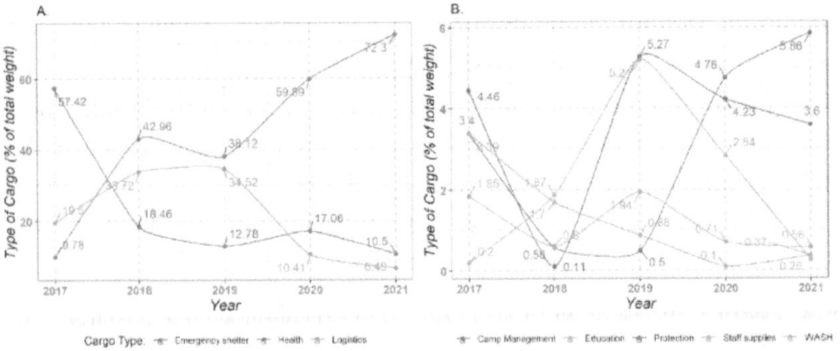

Figura 5. Tipo de carga enviada desde el UNHRD en el período 2017-2021.

Los datos de IFRC permitieron analizar las relaciones existentes entre

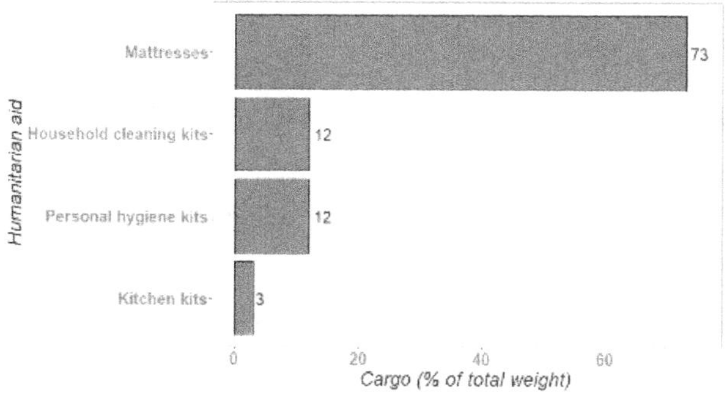

Figura 6. Porcentaje de ayuda humanitaria proporcionada por SINAPROC en el período de agosto a noviembre de 2021.

el tipo de ayuda humanitaria y los eventos extremos ocurridos durante 2017-2021. El algoritmo de clasificación mediante spin-glass permitió catalogar la relación entre 22 tipos de ayuda humanitaria (clasificación propia) y 10 tipos de peligros. La Figura 7 muestra estas relaciones, con el tamaño de los círculos indicando el peso de la carga en kilogramos.

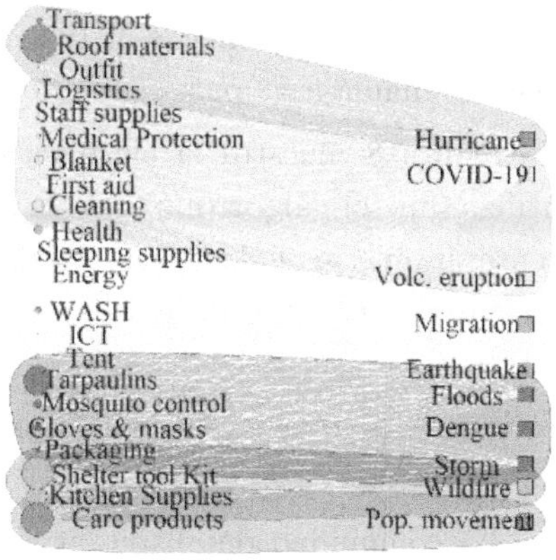

Figura 7. Clasificación del vínculo entre la ayuda humanitaria y los diferentes eventos extremos. El análisis representa el 34.46 % del total de la carga enviada en kilogramos por la IFRC.

De este análisis se pudo observar:

Desastres como inundaciones, tormentas y dengue demandaron lonas, insumos de control de mosquitos, guantes y mascarillas.

COVID-19 y erupciones volcánicas se asociaron con insumos de limpieza, mantas, suministros de protección médica y primeros auxilios.

Migración y terremotos requirieron principalmente suministros de salud, WASH, carpas, insumos de descanso y tecnología de la información.

Además, el análisis de la red de asistencia humanitaria reveló 208 vínculos entre donantes y beneficiarios durante el período analizado. La importancia estratégica del CLRAH facilitó que 27 instituciones donantes colaboraran con IFRC, SINAPROC y UNHRD para asistir desde Panamá a 52 países receptores de desastres en todo el mundo.

La Figura 8 muestra la clasificación de la red de ayuda humanitaria utilizando el algoritmo de Louvain. Los vértices rectangulares representan agencias donantes y los vértices circulares, países receptores. El grosor de los bordes denota el peso de la carga en kilogramos.

En este contexto, se evidenciaron cinco comunidades de apoyo humanitario:

- La comunidad detallada en la Figura 8(a) muestra la importancia de la IFRC como uno de los principales donantes de ayuda humanitaria a países principalmente del Caribe.
- La comunidad representada en la Figura 8(b) destaca al Fondo de las Naciones Unidas para la Infancia (UNICEF), Aid for AIDS y FAO como principales donantes, con Venezuela como principal receptor.
- La comunidad descrita en la Figura 8(c) enfatiza a Panamá como país anfitrión del CLRAH, recibiendo ayuda de múltiples donantes,

como CHAI, HIAS, Logística Humanitaria, OMS y UNFPA. En esta comunidad, SINAPROC es el organismo gubernamental encargado de brindar ayuda humanitaria en situaciones de desastre en Panamá.

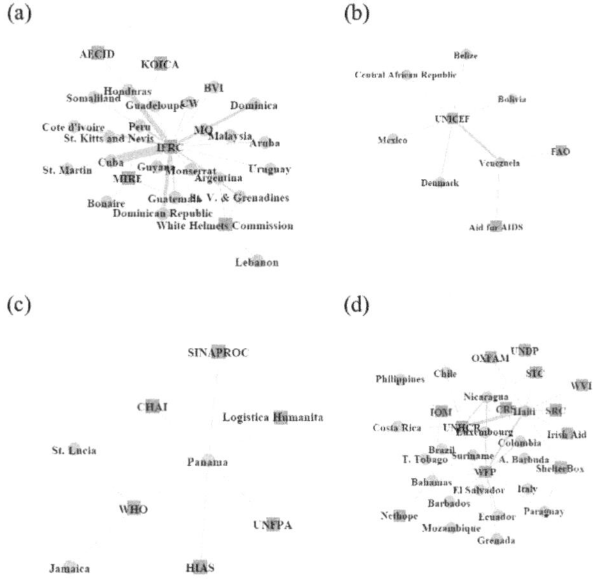

Figura 8: Comunidades detectadas (vértices > 2) según el algoritmo de Louvain.

- La comunidad de la Figura 8(d) está orientada principalmente a países de Centro y Sudamérica, con el Programa Mundial de Alimentos (PMA) como donante con mayor interacción y Haití como principal receptor.
- La sexta comunidad está representada por Suiza como único receptor y SDC/HA (agencia del gobierno suizo para ayuda de emergencia y reconstrucción) como único donante.

4. Discusión

El análisis de la red de apoyo humanitario a través de comunidades (Figura 8) destacó que la mayoría de los donantes que dirigieron su ayuda a países receptores generalmente compartían el propósito humanitario. Al revisar la misión, visión y objetivos de los donantes dentro de las comunidades detectadas (of Red Cross, 2022; SINAPROC, 2022; UNHRD, 2022), se observó que muchas de estas instituciones compartían este propósito.

La comunidad uno agrupó a donantes cuyo propósito humanitario está relacionado con la cooperación internacional para el desarrollo (KOICA, AECID), las relaciones internacionales (MIRE) y la ayuda humanitaria internacional (IFRC). La comunidad dos estuvo determinada por instituciones dedicadas a asistir a grupos vulnerables, como madres e hijos (UNICEF), pacientes con VIH (Aid for AIDS) y personas que padecen hambre (FAO).

Los donantes en la comunidad tres se orientaron principalmente hacia la gestión de la salud (UNFPA, OMS, CHAI), la logística humanitaria (SINAPROC, logística humanitaria) y el refugio (HIAS). Los donantes de la comunidad cuatro se enfocaron en la reducción de la pobreza (CRS, Irish Aid, OXFAM), la asistencia a personas desplazadas (OIM, Shelter Box, ACNUR) y la mejora de las comunicaciones durante eventos de crisis (STC, Nethope).

Este análisis permitió sugerir que el propósito humanitario del donante es un factor clave en la decisión de ciertas instituciones de actuar en mayor o menor medida para satisfacer las necesidades humanitarias de un país afectado por desastres.

Este hallazgo es consistente con Jensen & Hertz (2016), quienes sugieren que los roles de las organizaciones donantes influyen en los esfuerzos de asistencia humanitaria. Algunas organizaciones tienen roles bastante claros en la fase previa al desastre, mientras que otras presentan roles más nebulosos (Jensen & Hertz, 2016). Aunque existen casos en los que los roles asumidos por las organizaciones están determinados por la falta de recursos (Jensen & Hertz, 2016).

5. Conclusiones

El CLRAH es un centro estratégico ubicado en Panamá que facilitó la entrega de ayuda humanitaria a alrededor de 50 países afectados por eventos extremos durante el período 2017-2022 a través de sus instalaciones.

La aplicación del algoritmo de Louvain permitió clasificar la red de donantes y países receptores que circularon por el CLRAH en cuatro grupos o comunidades (vértices $>$ 2). El análisis del propósito humanitario de los donantes reveló que estas comunidades se orientaron hacia: i) cooperación internacional para el desarrollo y ayuda humanitaria internacional, ii) gestión de grupos vulnerables (madres, niños, pacientes con VIH), iii) gestión de salud, vivienda y logística, y iv) gestión de la pobreza, personas desplazadas y comunicación. Además, aunque IFRC y SINAPROC son repositorios humanitarios con entidades donantes bien definidas, el análisis de comunidades reveló donantes que comparten su propósito humanitario, con quienes podrían fortalecer sus relaciones de ayuda a través de UNHRD.

El algoritmo de clasificación mediante spin-glass proporcionó información sobre la relación entre 10 tipos de desastres y 22 tipos de ayuda humanitaria. Las ayudas para inundaciones, tormentas y dengue tienen en común la necesidad de insumos para el control de mosquitos, lonas, guantes, mascarillas y materiales de embalaje. Los desastres derivados de terremotos y migraciones poblacionales demandaron especialmente carpas multipropósito, suministros para descanso, energía, WASH y tecnologías de comunicación. Mientras que COVID-19 y las erupciones volcánicas estuvieron mayormente asociadas con insumos de protección médica, suministros de personal, materiales de limpieza, kits de primeros auxilios e insumos logísticos.

Los hallazgos de este estudio destacan el papel estratégico del CLRAH como un actor clave en la distribución de ayuda humanitaria hacia América Latina y el Caribe frente a crisis humanitarias. Asimismo, evidencian la colaboración entre sus principales usuarios estratégicos y donantes globales, fortaleciendo y ampliando la comprensión de las redes de cooperación y los flujos de asistencia. Además, el estudio proporciona información valiosa sobre la entrega de ayuda humanitaria según las particularidades de cada tipo de desastre, contribuyendo al desarrollo de respuestas más efectivas y estructuradas.

Referencias

Blondel, V. D., Guillaume, J.-L., Lambiotte, R., & Lefebvre, E. (2008). Fast unfolding of communities in large networks. *Journal of Statistical Mechanics: Theory and Experiment*, 2008(10), P10008. https://doi.org/10.1088/1742-5468/2008/10/P10008

Csardi, G. (2022). *Package 'igraph.'* CRAN, 3(09), 2022. Retrieved from http://igraph.org

Jahre, M., & Jensen, L. (2010). Coordination in humanitarian logistics through clusters. *International Journal of Physical Distribution & Logistics Management*, 40(8/9), 657–674. https://doi.org/10.1108/09600031011079319

Jensen, L.-M., & Hertz, S. (2016). The coordination roles of relief organisations in humanitarian logistics. *International Journal of Logistics Research and Applications*, 19(5), 465–485. https://doi.org/10.1080/13675567.2015.1124845

Marcillo-Delgado, J. C., Guerra de Castillo, Z. Y., Alvarez-Garcia, A., & García-Carrillo, A. (2025). Addressing the compositional character of international humanitarian aid delivery in humanitarian hubs: Case applied to CLRAH. *International Journal of Disaster Risk Reduction*, 116, 105120. https://doi.org/10.1016/j.ijdrr.2024.105120

MINGOB. (2021). *Memoria 2020.* Retrieved from https://www.mingob.gob.pa/wp-content/uploads/2021/01/Memoria-2020-DOS-int.pdf

Ministerio de Gobierno. (2022). *Centro Logístico Regional de Asistencia Humanitaria-CLRAH [Regional Logistics Centre for Humanitarian Assistance - CLRAH]*. Retrieved from https://www.mingob.gob.pa/

R Core Team. (2022). R: *The R Project for Statistical Computing.* Retrieved from https://www.r-project.org/

Reichardt, J., & Bornholdt, S. (2006). Statistical mechanics of community detection. *Phys. Rev. E,* 74(1), 16110. https://doi.org/10.1103/PhysRevE.74.016110

Schulz, S. F., & Blecken, A. (2010). Horizontal cooperation in disaster relief logistics: benefits and impediments. *International Journal of Physical Distribution & Logistics Management*, 40(8/9), 636–656. https://doi.org/https://doi.org/10.1108/09600031011079300

SINAPROC. (2022). *Misión y visión.* Retrieved from https://www.sinaproc.gob.pa/mision-y-vision/

Sun, H., Li, J., Wang, T., & Xue, Y. (2022). A novel scenario-based robust bi-objective optimization model for humanitarian logistics network under risk of disruptions. *Transportation Research Part E: Logistics and Transportation Review*, 157, 102578. https://doi.org/https://doi.org/10.1016/j.tre.2021.102578

Tofighi, S., Torabi, S. A., & Mansouri, S. A. (2016). Humanitarian logistics network design under mixed uncertainty. *European Journal of Operational Research*, 250(1), 239–250. https://doi.org/https://doi.org/10.1016/j.ejor.2015.08.059

Reduint la bretxa de gènere en l'enginyeria a través d'imatges generades mitjançant intel·ligència artificial

Pau Matarrodona Moragas

Escola S. d'Enginyeries Industrial, Aeroespacial i Audiovisual de Terrassa

Departament de Matemàtiques

Rosó Baltà-Salvador

Escola S. d'Enginyeries Industrial, Aeroespacial i Audiovisual de Terrassa

Departament d'Enginyeria Gràfica i de Disseny

Marta Peña

Escola Tècnica Superior d'Enginyeria Industrial de Barcelona

Departament de Matemàtiques

Resum

L'estudi aborda la infrarepresentació de l'alumnat del gènere femení en els estudis universitaris d'enginyeria. Amb l'objectiu de promoure la igualtat de gènere, s'explora l'impacte de la visualització d'imatges personalitzades generades mitjançant intel·ligència artificial (IA) en la projecció d'un futur laboral en els àmbits STEM (Ciència, Tecnologia, Enginyeria i Matemàtiques). La investigació es va dur a terme amb 76 estudiants de batxillerat científic, als quals es van mostrar 14 imatges generades personalitzades mitjançant IA, on se'ls representava a ells i elles treballant en diverses professions STEM. Els resultats mostren un increment general en l'autovisualització en tots els àmbits STEM, amb un major augment en el gènere femení (15.69 %) que el masculí (2.04 %). Analitzant únicament l'àmbit de l'enginyeria, l'augment en el gènere femení és encara més pronunciat (38.85 %). L'anàlisi ANOVA confirma que la intervenció produeix un efecte significatiu en la visualització futura en l'àmbit de l'enginyeria en funció del gènere dels participants. Aquests resultats suggereixen que les imatges personalitzades generades mitjançant IA són una eina prometedora per abordar la desigualtat de gènere en STEM. Es proposa continuar la recerca per comprendre els factors més influents en la tria de carrera i abordar les limitacions identificades.

Abstract

This study addresses the underrepresentation of female students in university engineering studies. With the aim of promoting gender equality, the impact of Artificial Inteligence (AI) generated personalized images on the visualization of a future career in various STEM (Science, Technology, Engineering, and Mathematics) fields is explored. The research was conducted with 76 scientific high school students who were shown 14 AI-generated personalized images depicting themselves working in various STEM professions. The results indicate a general increase in self-visualization across all STEM fields, with a greater increase observed among female participants (15.69 %) compared to males (2.04 %). When analyzing the engineering field specifically, the increase for females is even more pronounced (38.85 %). ANOVA analysis confirms that the intervention has a significant effect on future visualization in engineering, depending on the participants' gender. These findings suggest that AI-generated personalized images are a promising tool to address gender inequality in STEM. Further research is recommended to identify the most influential factors in career choices and address the identified limitations

----

1. Introducció

Des de l'any 2004, el gènere femení constitueix la majoria de l'estudiantat de les universitats públiques catalanes (Institut d'Estadística de Catalunya - Generalitat de Catalunya, 2023). No obstant això, aquesta proporció no es manté entre les diferents branques del coneixement. Especialment preocupant és el cas de la branca de l'Enginyeria i l'Arquitectura on, al curs 2021-2022, el gènere femení només representava un 27.34 % del total de l'estudiantat matriculat (Departament de Recerca i Universitat - Generalitat de Catalunya, 2023).

Les dades corresponents al curs 2024-2025 de la Universitat Politècnica de Catalunya · BarcelonaTech (UPC) mostren que, en conjunt, només el 31.02 % de l'estudiantat s'identifica amb el gènere femení (Universitat Politècnica de Catalunya, 2024). Aquest percentatge és encara menor en determinats graus, com ara Enginyeria Mecànica,

Enginyeria d'Automoció o Enginyeria Elèctrica, on el gènere femení representa menys del 20 % del total (Universitat Politècnica de Catalunya, 2024). Aquesta situació no és exclusiva de la UPC, ja que en altres universitats públiques s'observen percentatges similars. Per exemple, en el grau d'Enginyeria Informàtica de la Universitat Autònoma de Barcelona i en el grau d'Enginyeria Electrònica de Telecomunicació de la Universitat de Barcelona el gènere femení també representa menys del 20 % de l'estudiantat (Universitat Autònoma de Barcelona, 2024; Universitat de Barcelona, 2024).

Aquesta infrarepresentació del gènere femení contravé dos dels Objectius de Desenvolupament Sostenibles (ODS) establerts per l'Organització de les Nacions Unides (United Nations, 2015). Concretament, s'oposa als ODS 4 "Educació de qualitat" i 5 "Igualtat de Gènere".

La baixa presència del gènere femení en l'àmbit de les enginyeries contribueix a incrementar la bretxa salarial, ja que les sortides laborals relacionades amb la informàtica i l'enginyeria són les dues que perceben un salari mitjà més elevat (NACE, 2023).

L'esmentada infrarepresentació dificulta igualment que les dones enginyeres aconsegueixin visibilitat, fet que limita la disponibilitat de referents femenins per a les futures generacions. L'existència de referents és un factor clau en la tria de la carrera acadèmica tal i com estipula la Social Cognitive Career Theory (SCCT) proposada per Lent, Brow i Hackett (1994) i demostra la recerca en aquest àmbit (Gibson, 2004; Porter & Serra, 2020).

Finalment, la infrarepresentació femenina en aquests camps té repercussions negatives per al progrés científic, ja que els equips mixtos demostren tenir una major capacitat de pensament crític i resolució de problemes. Això es tradueix en resultats més innovadors i creatius en comparació amb els dels equips compostos exclusivament per homes (Antonio et al., 2004; Nielsen et al., 2017; Yang et al., 2022).

1.1. Social Cognitive Career Theory

La SCCT analitza tres aspectes per explicar del desenvolupament professional: com es desenvolupen els interessos acadèmics i professionals, com es prenen les decisions educatives i professionals, i com s'assoleix l'èxit acadèmic i professional. L'estudi analitza si les imatges personalitzades generades mitjançant IA poden provocar un canvi a l'hora de prendre les decisions educatives.

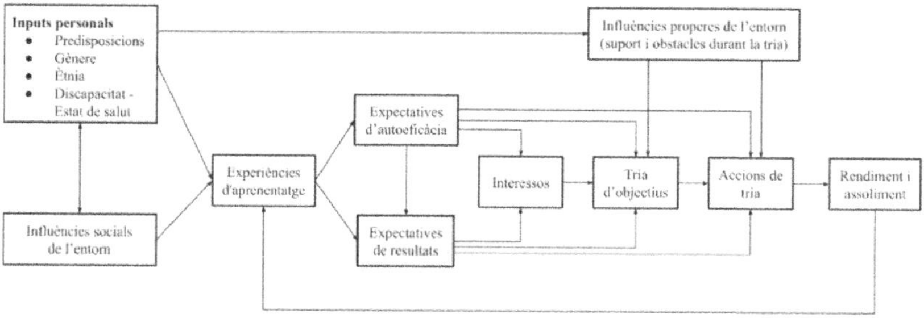

Figura 1. Model de la SCCT. Font: Adaptat de Lent et al. (1994).

Tal com planteja la SCCT, la presa de decisions és multifactorial. La presència de referents ajuda a combatre la influència dels estereotips masculins presents en l'àmbit de l'enginyeria (Makarova et al., 2019; Moè et al., 2021). A més, genera una imatge d'un/a mateix/a que pot modificar els interessos i les expectatives de resultats.

L'objectiu d'aquest estudi és analitzar si, a través d'imatges personalitzades generades mitjançant IA, es pot augmentar la visualització d'un/a mateixa/a en àmbits en què la persona té dificultats per visualitzar-s'hi degut a que està en minora.

1.2. Promoció de les STEM

En les disciplines STEM s'han implementat nombroses iniciatives per promoure la presència de dones, especialment en l'àmbit de l'enginyeria. Algunes d'aquestes accions inclouen jornades de portes obertes, activitats de promoció específicament dirigides a noies, programes de mentoria i trobades amb professionals del sector. Malgrat que aquestes estratègies han estat validades com a eines de promoció de l'enginyeria (Atkins et al., 2020; Santora et al., 2013), només s'ha aconseguit un lleuger increment del gènere femení durant la darrera dècada (un augment del 2 %) (Departament de Recerca i Universitat - Generalitat de Catalunya, 2023).

En els últims anys, els avenços en intel·ligència artificial (IA) han donat lloc a noves eines que permeten crear continguts cada vegada més personalitzats i adaptats a les necessitats específiques dels usuaris. Aquestes tecnologies obren la porta a innovacions en la promoció de disciplines STEM, com la generació d'imatges personalitzades que poden ajudar a les adolescents a visualitzar-se en professions científiques i tecnològiques. No obstant això, l'ús d'aquestes imatges generades mitjançant IA com a eina de promoció encara no ha estat investigat de manera sistemàtica. En aquest marc, l'estudi pretén avaluar com el visionat d'imatges personalitzades generades mitjançant IA pot influir en la capacitat de visualitzar-se treballant en diferents àmbits STEM, amb un èmfasi especial en l'enginyeria.

2. Metodologia

2.1. Participants

L'estudi s'ha dut a terme amb 76 alumnes (30 de gènere masculí i 46 de femení) d'entre 16 i 18 anys, estudiants de batxillerat científic d'una escola privada de Terrassa. Atès que la intervenció implica l'ús d'imatges de menors d'edat, se'n va sol·licitar la cessió dels drets d'imatge.

2.2. Procediment de generació de les imatges

Les imatges patró utilitzades en aquest estudi es van generar íntegrament mitjançant MidJourney, seguint una metodologia estandarditzada per garantir la consistència en la seva creació. Cada imatge representa una persona adulta que manté contacte visual directe amb la càmera mentre treballa en diferents professions associades als àmbits STEM. Posteriorment, les imatges van ser sotmeses a un procés de validació per part d'un grup d'experts dels diferents àmbits, amb l'objectiu de validar-ne la representativitat i realisme. Per a cada imatge patró, es van generar quatre variacions, cadascuna corresponent a una combinació específica de gènere i característiques de cabell (una noia rossa, una noia morena, un noi ros i un noi morè). En total, es van generar 52 imatges patró diferents.

Finalment, per personalitzar les imatges es va substituir el rostre de les imatges patró pel rostre de l'estudiant. Aquesta substitució es va dur a terme utilitzant l'extensió INSwapper, gràcies a les fotografies tipus carnet facilitades pel centre educatiu.

Figura 2. Imatge patró. Font pròpia.

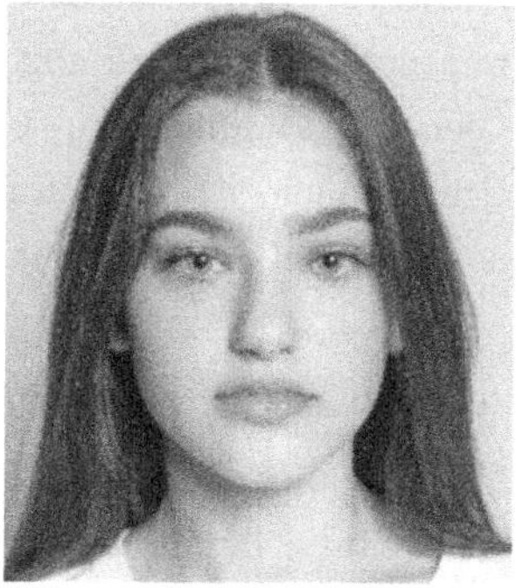

Figura 3. Fotografia carnet. Font: Freepik.

Figura 4: Imatge resultant de la personalització.
Font pròpia.

2.3. Procediment de l'estudi

Els participants van respondre dues enquestes mitjançant formularis online: una abans de la visualització de les imatges i una després d'haver-les visualitzat.

En aquestes enquestes se'ls va preguntar per diferents paràmetres, amb l'objectiu d'analitzar el canvi que produeix el fet de visualitzar-se a les imatges en els 7 àmbits prèviament definits (Ciències de la salut, Ciències fonamentals, Ciències aplicades, Arquitectura i edificació, Programació i telecomunicacions, Enginyeries industrials i Enginyeries aeroespacials i tecnologia). Entre els diferents paràmetres cal destacar:

- Gènere: És el principal factor que permet segmentar les dades. Les respostes possibles són "Masculí", "Femení", "No binari" i "Altres".
- Visualització d'un/a mateix/a dedicant-se laboralment als diferents àmbits: Per cadascun dels àmbits es pregunta el grau d'acord amb l'afirmació "Em visualitzo treballant-hi en un futur". Es respon a través d'una escala tipus Likert de 4 nivells (1 = Molt en desacord, 2 = En desacord, 3 = D'acord 4 = Molt d'acord).

3. Resultats

3.1. Canvi en la visualització en els diferents àmbits

En l'anàlisi de l'impacte de la intervenció en l'autovisualització dels participants en tots els àmbits STEM, s'han obtingut els resultats presentats a la Taula 1.

Gènere	Disminució en l'autovisualització	Sense canvi en l'autovisualització	Augment en l'autovisualització
Femení	12.73 %	59.32 %	27.95 %
Masculí	15.24 %	64.29 %	20.48 %

Taula 1. Canvi en l'autovisualització per gèneres en tots els àmbits STEM.

Analitzant si es visualitzen o no dedicant-se als diversos àmbits STEM, el percentatge d'alumnat que s'hi visualitza queda recollit a la Taula 2.

Gènere	Abans	Després
Femení	31.68 %	36.65 %
Masculí	46.67 %	47.62 %

Taula 2. Percentatge de participants que es visualitzen treballant en els diferents àmbits abans i després de la intervenció.

3.2. Canvi en la visualització en l'Enginyeria

En l'anàlisi de l'impacte de la intervenció en l'autovisualització dels participants en tots els àmbits relacionats amb les enginyeries (Programació i telecomunicacions, Enginyeries industrials i Enginyeries aeroespacials i tecnologia), s'han obtingut els resultats recollits a la Taula 3.

Gènere	Disminució en l'autovisualització	Sense canvi en l'autovisualització	Augment en l'autovisualització
Femení	13.67 %	47.48 %	38.85 %
Masculí	18.89 %	65.56 %	15.56 %

Taula 3. Canvi en l'autovisualització per gèneres en els àmbits d'enginyeria.

En analitzar les dades de la Taula 3 amb un test ANOVA de dues variables i mesures repetides s'obté que la intervenció produeix un canvi significatiu en la visualització independentment del gènere ($F=5.72$ i $p=0.018$). A més, hi ha una interacció significativa entre el gènere i el moment ($F=11.91$ i $p=0.001$).

Analitzant si es visualitzen o no dedicant-se als diversos àmbits exclusivament d'enginyeria, el percentatge d'alumnat que s'hi visualitza queda recollit a la Taula 4.

Gènere	Abans	Després
Femení	17.39 %	22.46 %
Masculí	58.89 %	53.33 %

Taula 4. Percentatge de participants que es visualitzen treballant en els àmbits d'enginyeria abans i després de la intervenció.

4. Discussió

Tal com mostren els resultats de les Taules 1 i 2, s'ha produït un increment en la visualització dels participants en el conjunt dels àmbits STEM. L'increment és més pronunciat en el gènere femení (un augment absolut del 4.97 % i relatiu del 15.69 %) que en el masculí (un augment absolut del 0.95 % i relatiu del 2.04 %). Cal destacar, però, que el gènere masculí es visualitza en major mesura que el gènere femení dedicant-se en els diferents àmbits STEM.

Analitzant les dades només dels àmbits d'enginyeria, s'obté que la intervenció té un impacte positiu especialment en el gènere femení, tal i com es pot observar a les Taules 3 i 4. Cal destacar, però, que el gènere masculí es visualitza en major mesura que el gènere femení dedicant-se en els diferents àmbits d'enginyeria.

Els resultats permeten afirmar que les imatges personalitzades generades mitjançant IA són una eina prometedora a l'hora d'influir en la tria de carrera, com també ho és el visionat d'imatges immersives amb realitat virtual (Spangenberger & Freytag, 2020). Tot i això, caldria continuar la recerca per saber quins són els factors de les imatges que tenen una major influència en la tria de la carrera i paral·lelament cal analitzar els motius pels quals s'ha produït la disminució en la visualització que es pot observar a les Taules 2 i 4.

4.1. Limitacions en la generació d'imatges

L'eina INSwapper modifica exclusivament els trets facials, de manera que impedeix replicar amb exactitud altres trets corporals com ara el color concret del cabell, el pentinat, el to de pell, complexió corporal, diversitat de gènere, trets ètnics... Així mateix, el programari no permet afegir elements com ulleres, fet que pot afectar la fidelitat de la representació.

5. Conclusions

Per tal de pal·liar la infrarepresentació del gènere femení en l'àmbit de les enginyeries, aquest estudi ha implementat l'ús d'imatges personalitzades generades mitjançant IA.

Els resultats mostren un augment en la visualització dels participants en tots els àmbits STEM a conseqüència de la intervenció. Aquest increment és major en el gènere femení, amb un augment relatiu del 15.96 %, en comparació amb el 2.04 % del masculí. En els àmbits relacionats amb les enginyeries, s'observa un augment destacable en la visualització del gènere femení. Això es confirma amb el test ANOVA, que indica un canvi significatiu independentment del gènere i una interacció significativa entre el gènere i el moment de la intervenció.

L'estudi demostra el potencial de les imatges personalitzades generades mitjançant IA per influir en la tria de carrera, alineant-se amb evidències d'altres tecnologies innovadores com la realitat virtual immersiva. Cal aprofundir en la recerca per identificar els factors de les imatges més influents en la tria de carrera i comprendre les causes de la disminució observada en la visualització d'alguns participants.

Referències

Antonio, A. L., Chang, M. J., Hakuta, K., Kenny, D. A., Levin, S., & Milem, J. F. (2004). Effects of Racial Diversity on Complex Thinking in College Students. *Psychological Science*, 15(8), 507–510. https://doi.org/10.1111/j.0956-7976.2004.00710.x

Atkins, K., Dougan, B. M., Dromgold-Sermen, M. S., Potter, H., Sathy, V., & Panter, A. T. (2020). "Looking at Myself in the Future": how mentoring shapes scientific identity for STEM students from underrepresented groups. *International Journal of STEM Education*, 7(1), 1–15. https://doi.org/10.1186/S40594-020-00242-3/TABLES/2

Departament de Recerca i Universitat - Generalitat de Catalunya. (2023). *Indicadors Dones i Ciència*. https://recercaiuniversitats.gencat.cat/ca/03_ambits_dactuacio/xifres/dona_i_ciencia

Gibson, D. E. (2004). Role models in career development: New directions for theory and research. *Journal of Vocational Behavior*, 65(1), 134–156. https://doi.org/10.1016/S0001-8791(03)00051-4

Institut d'Estadística de Catalunya - Generalitat de Catalunya. (2023, June 20). *Ensenyament universitari. Alumnes matriculats. Per sexe i universitats.* https://www.idescat.cat/indicadors/?id=aec&n=15731&fil=1

Lent, R. W., Brown, S. D., & Hackett, G. (1994). Toward a Unifying Social Cognitive Theory of Career and Academic Interest, Choice, and Performance. *Journal of Vocational Behavior*, 45(1), 79–122. https://doi.org/10.1006/jvbe.1994.1027

Makarova, E., Aeschlimann, B., & Herzog, W. (2019). The Gender Gap in STEM Fields: The Impact of the Gender Stereotype of Math and Science on Secondary Students' Career Aspirations. *Frontiers in Education*, 4. https://doi.org/10.3389/feduc.2019.00060

Moè, A., Hausmann, M., & Hirnstein, M. (2021). Gender stereotypes and incremental beliefs in STEM and non-STEM students in three countries: relationships with performance in cognitive tasks. *Psychological Research*, 85(2), 554–567. https://doi.org/10.1007/s00426-019-01285-0

NACE. (2023). NACE Salary Survey. https://www.naceweb.org/uploadedFiles/files/2023/publication/report/2023-nace-salary-survey-summer.pdf

Nielsen, M. W., Alegria, S., Börjeson, L., Etzkowitz, H., Falk-Krzesinski, H. J., Joshi, A. et al. (2017). Gender diversity leads to better science. *Proceedings of the National Academy of Sciences*, 114(8), 1740–1742. https://doi.org/10.1073/pnas.1700616114

Porter, C., & Serra, D. (2020). Gender differences in the choice of major: The importance of female role models. *American Economic Journal: Applied Economics*, 12(3), 226–254. https://doi.org/10.1257/app.20180426

Santora, K. A., Mason, E. J., & Sheahan, T. C. (2013). A Model for Progressive Mentoring in Science and Engineering Education and Research. *Innovative Higher Education*, 38(5), 427–440. https://doi.org/10.1007/s10755-013-9255-2

Spangenberger, P., & Freytag, S.-C. (2020). Career Choice of Adolescents: Can occupational VR 360-degree Videos Facilitate Job Interest? *Proceedings of the 12th International Conference on Computer Supported Education*, 552–558. https://doi.org/10.5220/0009410805520558

United Nations. (2015). *Transforming our world: the 2030 Agenda for Sustainable Development.* https://sdgs.un.org/2030agenda

Universitat Autònoma de Barcelona. (2024). *Seguiment de titulacions - Grau en Enginyeria Informàtica.* https://siq.uab.cat/siq_public/centre/115/titulacio/2502441/

Universitat de Barcelona. (2024). *Espai VSMA - Oferta, demanda i matrícula.* https://ub.edu/indicadorsVSMA/bi/qc/grau.php

Universitat Politècnica de Catalunya. (2024). *Evolució de la matrícula de grau i màster.* https://www.upc.edu/indicadors/ca/pagina-principal/enllacos-indicadors-pagina-principal/copy_of_bi-indicadors-de-grau-i-master

Yang, Y., Tian, T. Y., Woodruff, T. K., Jones, B. F., & Uzzi, B. (2022). Gender-diverse teams produce more novel and higher-impact scientific ideas. *Proceedings of the National Academy of Sciences*, 119(36). https://doi.org/10.1073/pnas.2200841119

Relación e impacto del diseño con la neurorrehabilitación

Matías Neira Olivares

Escola S. d'Enginyeries Industrial, Aeroespacial i Audiovisual de Terrassa

Mireia Puig-Poch

Escola S. d'Enginyeries Industrial, Aeroespacial i Audiovisual de Terrassa

Departament d'Enginyeria Gràfica i de Disseny

Resumen

La neuroplasticidad celular es un concepto que se ha acuñado por profesionales del área de la rehabilitación motora y cognitiva para establecer una regeneración neuronal del individuo a través de la interacción activa con el ambiente. Bajo este contexto se han desarrollado dispositivos los cuales ayudan en esta tarea de recuperación. Esta revisión del estado de la técnica tiene como objetivo relacionar estudios neurocientíficos y tecnologías actualmente encargadas de generar un vínculo eficiente entre el terapeuta y el paciente para el tratamiento neurorrehabilitador, para así determinar una cabida del diseño en este ámbito. Posterior a contextualizar el positivo efecto en pacientes del uso de órtesis en terapia, se seleccionaron cuatro productos diseñados específicamente para tratar lesiones cerebrales diversas. La recopilación de información determinó que existe un mercado emergente y en crecimiento de investigaciones aplicadas que promueven la reactivación del entorno personal del paciente mediante dispositivos de asistencia y rehabilitación activa. El artículo establece una relación de pertinencia en el desarrollo de innovación en sistemas de neurorrehabilitación que abarquen a población existente en países con bajos y medianos ingresos, así mismo, plantea a los diseñadores en un rol de eje articulador del área creativa con la medicina.

Abstract

Cellular neuroplasticity is a concept introduced by professionals in motor and cognitive rehabilitation to facilitate neuronal regeneration through active interaction with the environment. In this context, various devices have been developed to assist in recovery processes. This state of the art review aims to connect neuroscientific studies with the development of technologies designed to establish an effective link between therapists and patients in neurorehabilitation treatments, highlighting the potential role of design in this field. After examining the positive impact of orthotic devices in therapy, five products specifically designed to address diverse brain injuries were analyzed. The findings indicate the existence of a growing emerging market focused on applied research that promotes the reactivation of patient's personal environments through assistive and active rehabilitation devices. The article underscores the relevance of fostering innovation in neurorehabilitation systems targeted at populations in low- and middle-income countries, positioning designers as key mediators between the creative field and medical science.

----

1. Neuroplasticidad celular y rehabilitación

La Neuroplasticidad es la capacidad que tiene el cerebro para regenerarse o generar nuevas conexiones neuronales después de un daño cerebral, es decir, es la cualidad que tiene el sistema nervioso para cambiar y adaptarse resultado de las interacciones del organismo con el medio ambiente que lo rodea. La Neurorrehabilitación, por lo tanto, es una terapia que se beneficia de esta capacidad humana, estableciendo una reconstrucción de las conexiones neuronales, "recableando" el cerebro (Gulyaeva, 2016). Este concepto es clave dentro de la recuperación motora-cognitiva de pacientes que han sufrido una lesión cerebral.

A nivel mundial, en 2019, según estimaciones 2,41 millones de personas poseen padecimientos que se beneficiarían de este tipo de rehabilitación. Este número ha aumentado un 63 % entre 1990 y 2019 y el área que más prevalece es la relacionada con los trastornos musculoesqueléticos (Cieza et al., 2020).

Por otro lado, en el año 2017, la Organización Mundial de la Salud (OMS) planteó la agenda de Rehabilitación 2030, en dónde se establecieron los puntos de mayor urgencia para la accesibilidad universal. En este documento se instaura un llamado a la acción, concretamente en el punto A; habla de la necesidad abismal de este tema en países de ingresos bajos y medios, y en B; determina que existirá una gran demanda de este tipo de servicios, ya que la población envejecerá rápidamente y el nivel de personas que vivirán con secuelas motoras aumentará.

A nivel de mercado, la incidencia sistemática de trastornos neurológicos y el aumento del envejecimiento de la población establecen un ecosistema favorable para el crecimiento del mercado en dispositivos de neurorrehabilitación. Según la empresa de investigación de mercado *Mordor Intelligence* (https://www.mordorintelligence.com/es/industry-reports/content-intelligence-market), existe una tasa de crecimiento anual compuesta (CAGR) de un 13,7 % hasta el año 2029 y establece a Asia del pacífico y América del norte como mayores territorios en expansión del desarrollo de mercado en este ámbito.

2. Impacto de la tecnología

Para ilustrar el impacto de este concepto en la rehabilitación, revisaremos el siguiente estudio realizado en Egipto por Mohamed Adb El-Kafy (2014), en dónde se evaluó la efectividad de la implementación de órtesis en niños con parálisis cerebral dipléjica espástica, comparando sus parámetros de marcha.

Como sujetos de estudio, se tomaron a 51 niños con diagnóstico de parálisis cerebral dipléjica espástica confirmada entre 6 y 8 años, de ambos sexos, debían pesaran menos de 40kg y que fueran capaces cognitivamente de comprender y seguir instrucciones. La muestra consistía en 3 grupos específicos:

1. Grupo A: recibió tratamiento de fisioterapia neurodesarrollativa tradicional.
2. Grupo B: recibió tratamiento tradicional, más una prenda ortésica llamada Theratogs™(https://theratogs.com/about/how-theratogs-work/), la cúal consiste en un sistema similar a una camiseta sin

mangas y un pantalón corto compuesto de bandas para estabilizar sus extremidades inferiores.

3. Grupo C: recibió un tratamiento de mayor tecnología empleada que los anteriores, ya que además de recibir el tratamiento convencional y Theratogs, utilizó órtesis sólidas de reacción al suelo para ambos tobillos del paciente que estabilizaba el sistema musculoesquelético inferior de manera integral.

Se evaluó pre y postratamiento el movimiento de cadera y rodillas mediante un sistema que analizaba los parámetros de marcha de cada paciente. El sistema consistía en una pasarela de ocho metros de largo con una serie de cámaras infrarrojas que iban captando los movimientos. Cada niño tenía marcadores reflectantes en los puntos óseos los cuales se querían observar a detalle para captar el ciclo de marcha.

Los resultados postratamiento definieron al grupo C con un desarrollo significativamente positivo en su tratamiento en comparación a los otros grupos, y define que el uso de órtesis específicas "juega un papel importante" en la mejoría en parámetros como flexión, extensión, velocidad, cadencia y longitud del paso, lo que se traduce en "mejores habilidades para caminar".

Aquí podemos observar como el diseño de dispositivos específicos del área genera un impacto diferenciador en el desarrollo de terapias de neurorrehabilitación, generando órtesis que alinean el sistema musculoesquelético facilitando el movimiento del paciente, proporcionando un proceso terapéutico de mayor eficiencia para el profesional.

3. Exoesqueletos y robótica blanda

Para explorar sobre las aplicaciones de la tecnología de alta complejidad terapéutica, se realizó una búsqueda por el estado de la técnica en la academia y se logró encontrar dos investigaciones destacadas en el área de los exoesqueletos. La primera invención es un exoesqueleto de mano portátil enfocado en el uso de terapias motoras pediátricas de niños de 6 a 12 años que han sufrido una lesión cerebral, con el objetivo de apoyar el entrenamiento orientado a tareas clínicas, complementando los métodos tradicionales.

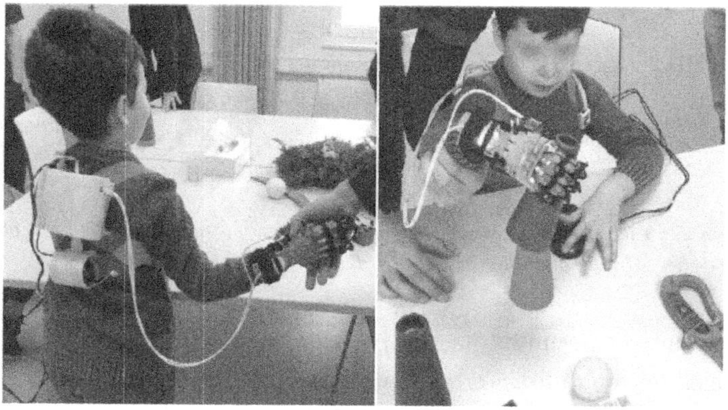

Figura 1. PEXO en acción usado sobre la mano izquierda de un niño en proceso de rehabilitación posterior a un ataque cerebrovascular. Fuente: Bützer et al., 2019.

Su diseño de interacción con usuario y entorno establece dos métodos para colocar el dispositivo en la mano. El primero emplea un guante integral que cubre completamente la palma, y el segundo, usa correas solo para muñeca y dedos, permitiendo tener la palma libre, estableciendo conexión con el sistema somatosensorial del paciente, lo que se traduce en el constante recibimiento de estímulos táctiles y reconocimiento del ambiente.

Se destaca su funcionalidad con enfoque especifico en niños, incluyendo tamaños pequeños, fuerza adecuada en la punta de los dedos e interacción atractiva para el usuario lo cual mantiene la motivación del paciente, estableciendo una terapia efectiva.

Por otro lado, se presenta el diseño de un exoesqueleto blando y portátil para la rehabilitación activa de la mano, utilizando un actuador de fluido neumáticamente accionado y basado en el control por señales mioeléctricas obtenidas de los músculos del antebrazo.

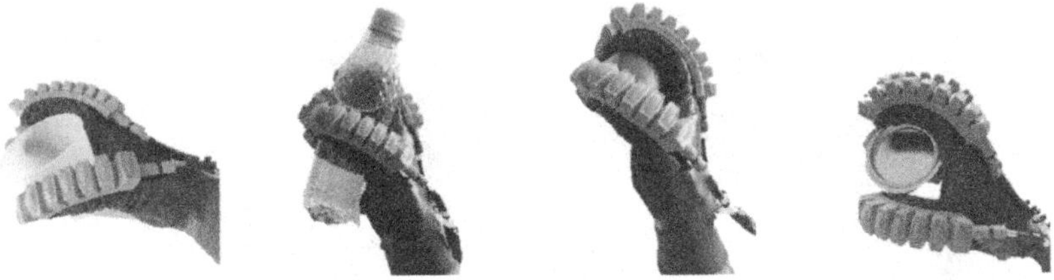

Figura 2. Pruebas de uso del dispositivo experimental en relación de uso con objetos de distintas geometrías. Fuente: Biris et al., 2023.

El dispositivo permite que el paciente realice de forma autónoma ejercicios de rehabilitación mediante movimientos guiados de flexión y extensión en las articulaciones de los dedos, con la posibilidad de extender su funcionalidad a las articulaciones de la muñeca, codo y hombro. Además de reducir la carga del profesional, el sistema proporciona una terapia complementaria.

Las pruebas experimentales presentan componentes de innovación relacionados a robótica blanda a bajo costo de manufactura, esto sumado a una mejor relación de biocompatibilidad en comparación a la robótica rígida convencional, constituye una propuesta de valor diferenciadora entregando una solución con impacto social a un nivel asequible para la población.

4. Rehabilitación accesible

Luego de una lesión craneal los pacientes en su etapa de hospitalización entran en etapa aguda y subaguda, durante este tiempo la neuroplasticidad esta en su punto máximo y es fundamental fomentar este proceso a través de intervenciones que se enfoquen en un entrenamiento intensivo y repetitivo de movimientos (Dinon, et al., 2018).

Si bien estas fases son esenciales en la neurorrehabilitación, el movimiento sistemático no debería limitarse únicamente a esta etapa, sino establecerse como un hábito continuo a medida que se avanza hacia la fase crónica de la patología. Por esta razón, las soluciones de alta complejidad y elevado costo resultan insostenibles a largo plazo.

Invenciones con iniciativas de licencias de código abierto y de manufactura asequible se presentan como soluciones a bajo costo para masificar la rehabilitación. DUAlarm es un ejemplo de este tipo de tecnologías, el cual es un sistema de rehabilitación bilateral, en dónde el usuario sostiene dos manillas que mediante un sistema de engranajes realiza movimientos simétricos y alternados estimulando las extremidades superiores.

Los nuevos paradigmas de manufactura de impresión 3D constituyen un antecedente para desarrollar tecnologías a bajo costo para ampliar la accesibilidad a pacientes que no poseen el poder adquisitivo para conseguir un tratamiento continuo, lo cual se presenta como una problemática social en la recuperación efectiva de sus tareas cotidianas.

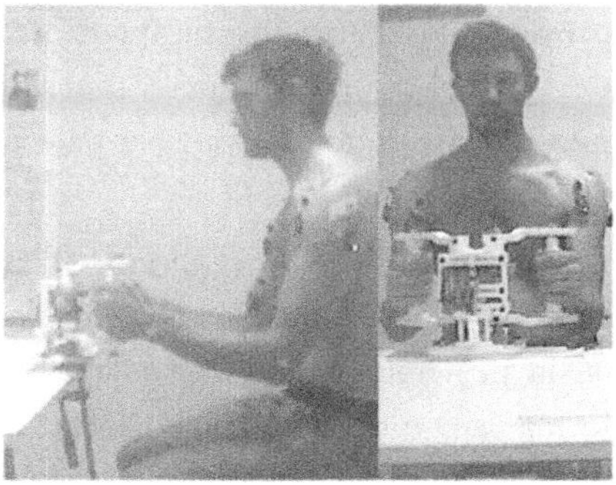

Figura 3. Pruebas experimentales de DUAlarm con sujeto de prueba. Fuente: Dinon et al., 2018.

5. Tecnología al servicio del terapeuta

Para el análisis de funcionalidad de este tipo de dispositivos los cuales están sujetos a la asistencia de un tercero (terapeuta), clasificaremos su uso en etapa pasiva y activa.

Etapa pasiva	Etapa activa
Conjunto de acciones previas y post etapa activa, relativas a la asistencia, colocación, ajuste, monitoreo y retiro del dispositivo de la zona del cuerpo del paciente.	Acción principal ejecutada por el paciente mediante el dispositivo guiada por el terapeuta.

Tabla 1. Clasificación de etapas de incidencia funcional de dispositivos terapéuticos.

Un ejemplo de este tipo de equipamiento en el área es el bipedestador, el cual cumple la función de alinear el sistema musculoesquelético previo a los ejercicios terapéuticos, consiguiendo la posición vertical del paciente parapléjico, para así canalizar los estímulos de información que recibe el paciente y lograr la neuroplasticidad necesaria.

En este sentido, investigadores de Ecuador desarrollaron un sistema bipedestador automático que, mediante un sistema mecatrónico, coloca en la posición requerida a la persona (Parreño, et al., 2022). De esta forma se establece una asociatividad eficaz en la ejecución del movimiento, otorgando una discriminación efectiva del estímulo el cual se quiere reforzar, asistiendo no solo al paciente, sino también al profesional en su labor terapéutica.

6. Conclusiones

Como podemos observar se establece una relación virtuosa entre el desarrollo tecnológico y la neurorrehabilitación a nivel integral en la rutina terapéutica que recibe el paciente posterior a una lesión cerebral, otorgando procesos de mayor eficacia para recobrar la autonomía del individuo.

Ahora bien, el problema está en que la mayoría de los pacientes con este tipo de patologías residen en países de bajos y medianos ingresos (Dee, et al., 2020) que no poseen acceso universal a tecnologías avanzadas de neurorrehabilitación, imposibilitando una evolución favorable en su proceso de rehabilitación, lo que se traduce en síntomas negativos más allá de lo físico-motor, como la exclusión social, pérdida de empleo e ingresos, generando efectos negativos en aspectos emocionales y sociales.

Actualmente, dado la gran demanda y el creciente conjunto de población existente, el tratamiento convencional no es la manera más eficiente de establecer mejoras significativas en los pacientes. Se puede pensar en maneras futuras no convencionales de innovar a través del diseño para otorgar al profesional terapeuta herramientas que potencien su labor de neurorrehabilitación musculoesquelética de manera eficiente, segura y a un precio justo de tratamiento.

La investigación traslacional canaliza los esfuerzos de diversas áreas del conocimiento –en este caso, diseñadores, kinesiólogos y terapeutas– para no solo identificar el origen de una patología, sino también prevenirla y promover una evolución positiva en la autonomía del paciente. Este enfoque interdisciplinario resulta clave para generar un impacto social significativo en una gran parte de la población que lo necesita con urgencia.

Establecer el cierre de brechas económicas en la accesibilidad de estos tratamientos es nuestra responsabilidad como diseñadores, pensar en soluciones creativas que a bajo costo establezcan un gran impacto en las condiciones de vida de un paciente, nos hace un agente transformador social positivo.

Referencias

Biriş, C. -M., Racz, S. -G., Gîrjob, C. -E., Grovu, R. -D., & Rusu, D. -M. (2023). A Wearable Device for Upper Limb Rehabilitation and Assistance Based on Fluid Actuators and Myoelectric Control. *Applied Sciences*, 13(18), 10181. https://doi.org/10.3390/app131810181

Butzer, T., Dittli, J., Lieber, J., van Hedel, H. J. A., Meyer-Heim, A., Lambercy, O. et al. (2019). PEXO - A Pediatric Whole Hand Exoskeleton for Grasping Assistance in Task-Oriented Training. *IEEE International Conference on Rehabilitation Robotics : [proceedings]*, 2019, 108–114. https://doi.org/10.1109/ICORR.2019.8779489

Cieza, A., Causey, K., Kamenov, K., Hanson, S. W., Chatterji, S., & Vos, T. (2020). Global estimates of the need for rehabilitation based on the Global Burden of Disease study 2019: a systematic analysis for the Global Burden of Disease Study 2019. *The Lancet*, 396(10267), 2006–2017. https://doi.org/10.1016/s0140-6736(20)32340-0

Dee, M., Lennon, O., & O'Sullivan, C. (2020). A systematic review of physical rehabilitation interventions for stroke in low and lower-middle income countries. *Disability and rehabilitation*, 42(4), 473–501. https://doi.org/10.1080/09638288.2018.1501617

Dinon, T., Caimmi, M., Chiavenna, A., Malosio, M., Prini, A., Scano, A., et al. (2018). DUALarm: An open-source and 3D-printable device for upper limb neurorehabilitation. *J Rehabil Assist Technol Eng.*

El-Kafy, E. M. A. (2014). The clinical impact of orthotic correction of lower limb rotational deformities in children with cerebral palsy: a randomized controlled trial. *Clinical Rehabilitation*, 28(10), 1004-1014. https://doi.org/10.1177/0269215514533710

Gulyaeva, N. V. (2017). Molecular mechanisms of neuroplasticity: An expanding universe. *Biochemistry (Moscow)*, 82(3), 237–242. https://doi.org/10.1134/s0006297917030014

Olmos, J. A. P., Lara, O., Coello, F. V. A., Oñate, J. M. B., & De los Ángeles Campaña Olmos, M. (2021). Diseño de un bipedestador semiautomático reajustable para el desplazamiento de personas con paraplejia. *Revista Cubana de Investigaciones Biomédicas*, 40(2). http://scielo.sld.cu/pdf/ibi/v40n2/1561-3011-ibi-40-02-e941.pdf

Volpe, D., Giantin, M. G., & Fasano, A. (2014). A wearable proprioceptive stabilizer (Equistasi®) for rehabilitation of postural instability in Parkinson's disease: a phase II randomized double-blind, double-dummy, controlled study. *PloS one*, 9(11), e112065. https://doi.org/10.1371/journal.pone.0112065

Apoyo al autoaprendizaje de Expresión Gráfica (DEGD-UPC), con la incorporación del 'EG-Lab' para la creación de prototipos con tecnologías activas

Andrea Parga, Mariolly Dávila

Escola d'Enginyeria de Barcelona Est

Departament d'Enginyeria Gràfica i de Disseny

Resumen

La asignatura de Expresión Gráfica (DEGD-UPC) concede un valor significativo al autoaprendizaje. La aplicación de metodologías alineadas a esta autonomía está en constante estudio en cuanto a su progreso sobre el desenvolvimiento del alumnado; de esta repetida revisión y gracias a los rápidos avances de la IA consigue una condición aventajada en el desarrollo del curso; actualmente el profesorado aúna esfuerzos para la inclusión de un chatbot conversacional que incremente su eficacia. En la misma línea, una práctica combinada entre lo analógico y lo digital se considera fundamental; por esta razón se ha planteado un renovado llamado a las aulas con la propuesta de la incorporación del 'EG-Lab'. Esta iniciativa se ha formulado como una actividad colaborativa presencial centrada en la generación de prototipos de 'aprendizaje' que favorezcan el conocimiento del proceso de proyecto e introduzcan al diseño de ingeniería. Su puesta en marcha, en las aulas del primer año de carrera en la escuela, significa una apuesta por el intercambio y el trabajo continuo en equipos multidisciplinares con tecnologías activas de fabricación aditiva en impresión 3D.

Palabras clave: proceso de proyecto, diseño en ingeniería, creación de prototipos, impresión 3D, presencialidad en el aula

Abstract

The Graphic Expression course (DEGD-UPC) places significant value on self-learning. The application of methodologies aligned with this autonomy is constantly being studied in terms of its progress on the development of the students; from this repeated review and thanks to the rapid advances in AI, it achieves an advantageous condition in the development of the course; currently, the teaching staff is joining forces for the inclusion of a conversational chatbot that increases its effectiveness. Along the same lines, a combined practice between the analogue and the digital is considered fundamental; for this reason, a renewed call to the classrooms has been raised with the proposal of incorporating the 'EG-Lab'. This initiative has been formulated as a face-to-face collaborative activity focused on the generation of 'learning' prototypes that promote knowledge of the project process and introduce engineering design. Its implementation in the classrooms of the first year of the course at the school means a commitment to exchange and continuous work in multidisciplinary teams with active additive manufacturing technologies in 3D printing.

Keywords: project process, engineering design, prototyping, 3D printing, in-person classroom.

----

1. Introducción

La incorporación del 'EG-Lab' para la creación de prototipos didácticos con tecnologías activas, es una propuesta que da continuidad a iniciativas previas para mejorar el rendimiento del estudiantado. El reto consiste en hacer frente a un creciente absentismo poniendo en valor la presencialidad y las metodologías basadas en el 'Aprender haciendo'. Se plantea, a través de la asignatura de Expresión Gráfica, concebir nuevos espacios para la enseñanza, con materiales docentes versátiles, que favorezcan un aprendizaje presencial, activo y significativo, aprovechando el potencial que tiene el propio DEGD-EEBE en investigación y en intercambio con profesores, especialistas y profesionales de la ingeniería y el diseño. La oferta contempla promover un entorno creativo y de colaboración para la elaboración y estudio de prototipos de 'aprendizaje'. Sin dejar de lado las ventajas del autoaprendizaje, se pretende mejorar la experiencia de la enseñanza reconociendo el valor de acudir al aula y de trabajar en equipo.

2. Contexto

La proposición del 'EG-Lab' está estrechamente ligada a una sucesión de trabajos previos y de experiencias personales que convergen en el plan investigador/docente y que consiguen su naturaleza material en el proyecto que se expone.

- Columbia, GASPP (Graduate School of Architecture, Planning and Preservation), 2016. Tutoría Kenneth Frampton, visita Avery Architectural and Fine Arts Library. 2017.

A través de conversaciones y en lectura de compendios sobre diseño, se conocen las declaraciones de William Alciphron Boring (en 1922, el director y más tarde decano de la Escuela de Arquitectura de Columbia), quien defendió "la necesidad de una observación minuciosa", promovió la fabricación de prototipos, con un giro hacia lo físico, alejándose de la aparente facilidad de la representación; esto, en compromiso con la educación profesional. Hoy, cuando la tecnología de fabricación 3D está al alcance, la creación de prototipos apunta a un territorio fértil, de reflexión, que aproveche su potencial representativo y generativo.

- Desempeño como profesora de Expresión Gráfica en la Facultad de Náutica de Barcelona, FNB, UPC; en paralelo a la enseñanza de fotografía aplicada EA-UPRRP, PAF-ADV, 2019.
- Creación de UNIDADES DIDÁCTICAS de síntesis de conocimientos para la enseñanza sobre visualización, expresión gráfica, representación y comunicación visual en los procesos del proyecto de diseño, arquitectura e ingeniería, 2019-2024.
- Creación del AULA LIBRE de Expresión Gráfica en la Facultad de Náutica de Barcelona, UPC. Foro de consultas y taller abierto para la práctica y resolución de problemas relacionados con las materias gráficas y de diseño. Apoyo al estudiantado con tutorías personalizadas en los ámbitos de expresión gráfica de la ingeniería naval. 2022/23, 2023/24.

Extensión del AULA LIBRE de Expresión Gráfica en Escuela de Diseño y Artes Visuales. LCI Barcelona. Grado en Enseñanzas Artísticas Superiores de Diseño. 2023/24, 2024/25.

- DRAWING SKILLS, investigación y práctica sobre la optimización de las herramientas de comunicación visual y difusión de los proyectos de arquitectura e ingeniería. Creación y coordinación de módulo de habilidades de dibujo para los alumnos de la Facultad de Náutica de Barcelona, UPC y la Escuela de Diseño y Artes Visuales, LCI. 2021/25.
- Talleres de verano EA-UPRRP, 2023 y 2024. Experiencias que servirán de base a la propuesta de prueba piloto en cuanto a su estructura y programación.
- Incorporación en investigación y docencia al EG-DEGD-EEBE en marzo de 2024.

La integración al equipo EG permitió conocer en primera mano y desde la práctica el funcionamiento de la asignatura: 'Para el período 2015-2018, la decisión de incorporar metodologías activas en Expresión Gráfica, buscó promover cambios, de tal manera, que se mejorase el aprendizaje multiplicando los instrumentos de apoyo al alumnado a comprender conceptos complejos. Con la aplicación de la metodología *Flipped Classroom* (FC), se exploró un proceso de aprendizaje a través de la instrucción individual directa basada en actividades dentro y fuera de clase. La aplicación de la metodología *Design Thinking* (DT) buscó un proceso útil para la resolución creativa de piezas en ingeniería gráfica. Sus pautas resultaron esenciales para resolver problemas y para analizar sus elementos, su contexto y reinterpretarlos para encontrar una solución. *Visual Thinking* (VT) permitió la formación de modelos mentales y la creación de imágenes en el espacio transferibles al papel. Finalmente, *Project Based Learning* (PBL) se utilizó como facilitador en la integración de los resultados del aprendizaje de las otras metodologías a través de la aplicación en un proyecto de ingeniería. Existen numerosos estudios que apoyan los efectos positivos del aprendizaje activo en la mejora de la motivación y las actitudes del grupo de alumnos (Boude, 2010), pero solo se pueden adquirir a través de la participación, atención y trabajo constante del estudiantado (Del Canto, 2011). Los beneficios del aprendizaje activo están documentados y probados, tanto en la asimilación general, como en el rendimiento y las tasas de fracaso (Borda 2020). Estas prácticas han dado lugar a un trabajo que estimula el pensamiento creativo e innovador, potencia su autonomía y facilita el aprendizaje de las competencias transversales y profesionales. Con esta dinámica, el alumnado aprende construyendo conceptos basados en sus conocimientos y haya la motivación de un papel activo en la propia formación (Brown, 2008).' (Olmedo-Peña-Baltà, 2021).

- Estudio de la metodología de desarrollo de capacidades creativas (CCB) del MIT D-Lab.

Se ha explorado esta experiencia en interés por promover la innovación impulsada por grupos, ofreciendo una vía para que sus integrantes diseñen soluciones a los desafíos que enfrentan. Los talleres de CCB enseñan a los participantes a trabajar en equipo y crear soluciones de bajo costo con recursos próximos. En jornadas de cinco días, entre 20 y 25 participantes aprenden y practican el proceso de diseño de CCB desde la identificación de un problema compartido hasta la creación de prototipos, con aplicación de habilidades básicas de creación. El proceso de diseño de CCB es sencillo. Las actividades son prácticas y visuales para garantizar que los participantes de cualquier nivel de formación educativa puedan integrarse. Al finalizar el taller, los participantes obtienen un prototipo base, sumado al aprendizaje de un conjunto de habilidades técnicas, un pensamiento diferente, una mayor capacidad para resolver desafíos con recursos asequibles y el ánimo de compartir el proceso de diseño de CCB con más personas de su entorno.

- Visita al ADI Design Museum en marzo de 2024, Milán, Italia. Archivo (*Archivio del compasso d'oro*), colección permanente de objetos/mecanismos de diseño y la Exposición *Origin of Simplicity, 20 Visions of Japanese Design*, del 23 de marzo al 09 de junio. Curaduría: Rossella Menegazzo, Diseño Gráfico: Kenya Hara. Invitación que permitió el estudio 'in situ' de prototipos, dibujos y material documental útil para el planteamiento del 'EG-Lab' y la investigación en curso: "Prototipos de aprendizaje. Observación y proyecto".
- Presentación en *Galàxia Aprenentatge* en mayo de 2024, con la inclusión del trabajo sobre la 'Renovación de unidades metodológicas' junto a la 'Incorporación de tecnologías activas' en julio de 2024; ambas en respuesta a los lineamientos de la asignatura EG-DEGD-UPC y al proyecto investigador/docente personal.

El vínculo del planteamiento que se propone con los objetivos del Departamento de Expresión Gráfica y de Diseño, parte de la competencia transversal de autoaprendizaje de la asignatura de Expresión Gráfica. Destreza sobre la cual se planteó, para la convocatoria *Galàxia Aprenentatge* 2023, el proyecto de innovación educativa de incorporación de un chatbot conversacional como apoyo al estudio del alumnado.

Ahora bien, manteniendo la atención en el conjunto de actividades posibles fuera del aula, se presenta como principal tema de debate el de la innovación impulsada por la interacción del trabajo en equipo en el 'EG-Lab', por lo que desde el Departamento de Ingeniería Gráfica y Diseño para el curso de Expresión Gráfica se está evaluando, ¿Cómo se potencia la práctica en el aula? ¿Cómo se dota de nuevo el valor a la clase presencial?

El avance sobre la integración de IA para EG vislumbran la posibilidad de respaldar las dos vías principales de la propuesta presentada en *Galàxia Aprenentatge* 2024: la primera, de apoyo al alumnado en actividades didácticas realizadas fuera del aula y la segunda, de ayuda al profesorado en corrección de evaluaciones sobre el dibujo manual en papel; con una tercera vía de renovación de unidades metodológicas. Esta adaptación a nuevos criterios abre la posibilidad de una prueba piloto que favorezca la presencialidad en continuo ejercicio con tecnologías activas.

Con ello, la contribución del presente estudio se encamina a incrementar la práctica colaborativa y el uso intensivo de las tecnologías educativas como la 'fabricación digital básica' en paralelo a un 'aprender haciendo' que combina en todas sus fases lo manual con lo digital; desde la identificación de un problema compartido hasta la creación de los prototipos didácticos y su análisis comparativo entre la totalidad del alumnado partícipe.

3. Pregunta de investigación

¿Cómo la organización de un espacio-taller en presencial dotado de tecnologías educativas (fabricación digital) resulta apoyo e incentivo al autoaprendizaje?

¿Qué actividad, pautas o metodología se puede promover desde la asistencia al aula que no se pueda ofrecer en una conexión en digital?

¿Es posible centrar los intereses de investigación sobre el pensamiento y la resolución de problemas, vinculados a la creación y estudio de prototipos útiles en el diseño de ingeniería, así como al análisis del impacto de estas herramientas, su comunicación y extensión en la práctica de múltiples procesos de creación?

¿Resulta factible abrir un espacio de práctica en las primeras etapas de los estudios, que tenga como vía común el diseño y que permita perfilar, en el sentido colaborativo, el modelo educativo de la UPC, con la posibilidad de interacción continua entre el alumnado de las distintas ingenierías y de arquitectura?

4. Objetivos

- Reformular iniciativas previas para incrementar el interés del estudiantado.
- Promover el apoyo al autoaprendizaje con metodologías basadas en 'aprender haciendo'.
- Crear espacio de enseñanza donde los estudiantes practiquen el proceso de diseño y la construcción de objetos/mecanismos.
- Reforzar el trabajo en equipo con atención a la práctica de las habilidades básicas de creación, visualización y comunicación.
- Promover el potencial representativo y generativo de la fabricación de prototipos en apoyo a la fotografía y al dibujo de aproximación inicial.
- Crear un proyecto piloto y promotor de iniciativas futuras de interacción interna o externa con otros centros, desde el aporte al modelo docente propio de la UPC.
- Establecer un programa de investigación y generación de conocimiento sobre las fases iniciales del proceso de diseño. Considerar la importancia de la interacción de la fotografía, el boceto de diseño, el dibujo digital y la creación de prototipos como etapas introductorias en la solución de problemas de diseño, desde la enseñanza de esta actividad en el 'EG-Lab' hasta su práctica en el ámbito profesional.
- Crear un espacio de investigación y práctica en diseño que involucre al profesorado y a los estudiantes de EG-DEGD-UPC.
- Consolidar relaciones de pensamiento y acción con investigadores y especialistas de otras áreas de conocimiento relacionadas con la ingeniería y el diseño, dentro y fuera de la UPC.

- Abrir vías de investigación, extensión y enseñanza que relacionen a los estudiantes de EG-DEGD-UPC con instituciones profesionales externas.

5. Metodología

Figura 1. Prototipos, bloques ornamentales. Taller de verano 2023, UPRRP.

Se plantea incorporar un módulo de 12 horas de 'EG-Lab' para la ejecución de un prototipo didáctico como actividad vinculada al modelado de piezas industriales. Esta propuesta de ejercicio está basada en la experiencia de coordinación e impartición de los talleres de verano organizados entre junio y julio para los alumnos de nuevo ingreso en la Escuela de Arquitectura de la Universidad de Puerto Rico (EA-UPRRP): Primera edición_ Taller de verano 2023, módulo de representación gráfica, dibujo y fotografía. Segunda edición_ Taller de verano 2024, módulo de representación gráfica, dibujo y fotografía. Del mismo modo, el planteamiento se aviene a los criterios del trabajo sobre la importancia de los bocetos de diseño en las etapas iniciales y a la elaboración de los prototipos de 'aprendizaje' para el ensayo de conceptos potenciales (Das-Yang, 2022).

5.1. Procedimiento aplicado en la EA-UPRRP

Enunciado: Generación de un bloque ornamental de 5cm x 5cm x 1cm a partir de la selección y abstracción de uno de los elementos de protección solar que forman parte de alguno de los edificios de valor patrimonial del Campus Universitario, UPRRP.

Tiempo: 20 horas. Número de sesiones: 5 (4 horas por sesión de taller)

Coordinación: Profesora Carolina Paredes.

S1_Fundamentos_Clase magistral de dibujo técnico con énfasis sobre los principios de las vistas en sistema diédrico, los cortes y secciones en 2D y las vistas en perspectiva para el 3D.

S2_Exploración_Recorrido por el recinto de la universidad bajo la guía de profesores especializados en proyectos, teoría y tecnología a fin de poner en valor y apoyar al reconocimiento de los elementos compositivos de los edificios del recinto.

S3_Selección_Conformación de grupos y elección del elemento por edificio, para luego fotografiar y croquizar. Trabajo de análisis sobre el material visual inicial; se propone el uso de tres colores de referencia para la posterior construcción de la pieza.

S4_Ejecución_Aporte por parte del profesorado de serie de bloques ornamentales de guía para el diseño de la nueva versión simplificada de las piezas en proyecto. Empleo del Autocad y del Sketchup para el desarrollo 2D y 3D de los croquis de aproximación.

S5_Impresión tridimensional_Trabajo de construcción en 3D en el Fab Lab UPR, incentivando la participación en la actividad de ese espacio de creación, prototipado e investigación en un ambiente académico colaborativo. Se buscó aprovechar las ventajas de esa plataforma multidisciplinaria que aglutina el esfuerzo de ingenieros, arquitectos, diseñadores y estudiantes tanto de la institución, así como de comunidades externas en colaboración sobre el desarrollo de proyectos.

5.2. Programación de la prueba piloto de la actividad EG-Lab para EG-DEGD-UPC

Profesora a cargo de la coordinación y base del prototipado manual: Andrea Parga

Profesora en dirección del dibujo digital y modelado previo a impresión 3D: Mariolly Dávila

Titulación o grado donde se aplica: Ingeniería Industrial, Química, Materiales, Mecánica, Eléctrica, Electrónica, Biomédica y de la Energía.

Asignatura en la que se trabajará: Expresión Gráfica, EEBE - 820003

Número de alumnos: 33 por grupo (3 grupos de mañana para pruebas iniciales)

Bloque temático o contenido a tratar: Elaboración de prototipos de 'aprendizaje' sobre la elección de un objeto/mecanismo real. Fotografía, Croquización, Dibujo e Impresión Digital.

Tiempo a emplear: 12 horas de docencia.

Número de sesiones de clase: 4 (3 horas por sesión de clase)

5.3. Competencias

1. Capacidad de visión espacial.
2. Conocimiento de las técnicas de representación gráfica.

Objetivos del aprendizaje:

1. Potenciar la concepción espacial.
2. Profundizar en el conocimiento de las formas.
3. Conocer y practicar la normativa de las técnicas de representación gráfica en la Ingeniería y el Diseño Industrial.

Contenidos:

1. Sistemas de representación. Formatos, Vistas y Líneas.
2. Acotación de dibujos industriales.
3. Cortes y Secciones.

5.4. Desarrollo de las sesiones

S1_Exploración_ Conformación de equipos de 3 alumnos (total 11 equipos por grupo). Recogida de datos, acopio de información sobre aquellos objetos/mecanismos que sean de interés y aquellos que estimula la curiosidad, que tengan posibilidad de mejora; tratando, con ellos, de abrir el campo de visión respecto a temas de diseño, tecnología y comunicación.

Actividades y Estrategias: Realizar un conjunto de fotografías en blanco y negro.

Recursos didácticos: Análisis compartido sobre el potencial de cada factible propuesta.

Evaluación: Presentación de matriz de imágenes de los posibles objetos/mecanismos.

S2_Selección_ Elección del objeto/mecanismo. Inicio del proceso de reconocimiento y estudio a través de la fotografía y el dibujo en croquis. A través del análisis del conjunto de imágenes, que anteceden a las vistas en sistema diédrico, cada equipo propondrá el nuevo objeto/mecanismo que se quiere llevar a cabo como redefinición de la pieza o de las piezas seleccionadas inicialmente.

Actividades y Estrategias: Elaboración y registro de bocetos de diseño.

Recursos didácticos: Ejecución a mano de los primeros intentos de prototipo.

Evaluación: Presentación de bocetos iniciales y de las fases de ensayo del prototipo.

S3_Ejecución_ Orden y estudio del material gráfico y en pruebas de maqueta. Elaboración de las piezas en dibujo digital, modelo y planos. Exploración sobre la serie de posibilidades de prototipo. Estudio comparativo. Desarrollo de propuesta definitiva.

Actividades y Estrategias: Definición y resolución de la pieza en dibujo digital.

Recursos didácticos: Práctica sobre el programa SolidWorks.

Evaluación: Presentación de compendio de planos del prototipo definitivo.

S4_Impresión tridimensional: Construcción del objeto en 3D. Cierre del proceso de ejecución por equipo y análisis comparativo de resultados entre todos los grupos del total de la clase.

Actividades y Estrategias: Construcción del prototipo.

Recursos didácticos: Guía por parte del profesorado en el manejo de la impresora 3D.

Evaluación: Presentación de prototipo acompañado del cuaderno de proceso. La bitácora incluirá la información visual previa, de desarrollo y de resultado final; junto con una breve reseña por etapas y la explicación sobre la solución.

6. Resultados

El planteamiento de esta prueba piloto para el alumnado de estos tres grupos de EG-DEGD-UPC busca consolidar la experiencia del proyecto de diseño al conseguir culminar el proceso con la materialización de los nuevos objetos/mecanismos. A partir del rendimiento de la experiencia, se pretende encaminar la etapa de estudio e investigación hacia la posibilidad de estimar la comprensibilidad de las series de fotografías y de los bocetos como herramientas de comunicación durante el desarrollo del proceso;

Figura 2. Presentación proceso. Prototipos, estudio bloques. Taller de verano 2024, UPRRP.

analizar cómo pueden ser instrumento de apoyo sobre las reflexiones del diseñador(es) después de cada iteración de un prototipo. El seguimiento de las etapas no solo busca registrar lo que se aprende sobre la ejecución de un diseño en equipo, sino también las reacciones de los diseñadores ante el proceso. La propuesta de aproximación al estudio de la metodología de desarrollo de capacidades creativas del MIT D-Lab con la aplicación del EG-Lab, puede funcionar como un procedimiento para identificar problemas conjuntamente, actuar como un catalizador para soluciones colaborativas, incentivando la participación compartida en el aula. Con ello, se ve posible incrementar el uso de las tecnologías activas, desarrolladas en el taller de estudio de la EEBE, como la fabricación digital básica para potenciar el 'aprender haciendo' manual; desde la identificación de un problema compartido hasta la creación de prototipos didácticos.

7. Discusión

Figura 3-4. Detalle proceso. Prototipos/Revisión. Taller de verano 2023 y 2024, UPRRP.

La interacción entre los integrantes de cada equipo, así como el análisis grupal sobre el conjunto de resultados por etapa, pone en valor la organización de esta práctica colaborativa emplazada en un espacio-taller de la Escuela dotado de tecnología educativas (fabricación digital). Se considera que la prueba piloto de prototipado resulta importante como apoyo práctico e incentivo al autoaprendizaje; se estima que la elaboración de una serie de muestras (en avance sobre una mejora) por parte del alumnado promueva la asistencia al aula y consiga salvar las posibles carencias de un aprendizaje individual enfocado en las ventajas de la conexión en digital.

El planteamiento de la práctica conjunta en equipos de a tres y a posterior de todo el grupo en conjunto en el taller de estudio favorece el trabajo participativo y de intercambio continuo apuntando de modo directo sobre los intereses de investigación sobre el pensamiento y la resolución colaborativa de problemas, vinculados a la generación de prototipos didácticos útiles para la aproximación al diseño de ingeniería, así como al análisis del impacto de estas herramientas, su comunicación y extensión en la práctica de múltiples procesos de creación.

La propuesta de trabajo busca combinar la fotografía aplicada, la croquización, los bocetos de diseño, el dibujo digital y la impresión 3D, con el logro del prototipo de 'aprendizaje', en mejora de la práctica de la observación minuciosa y de la visualización con conexión directa sobre la ejecución compartida de cada una las etapas del proceso de reconocimiento y/o diseño de un objeto/mecanismo.

8. Conclusiones

La contribución de este trabajo se centra en complementar el plan estratégico en desarrollo en el DEGD para EG, sobre las tareas derivadas de la integración de la inteligencia artificial (IA) como apoyo al alumnado en actividades didácticas realizadas fuera del aula, y como herramienta de asistencia al profesorado en la corrección de evaluaciones relacionadas con el dibujo manual. El aporte adicional responde a la necesidad de renovar las unidades metodológicas y a potenciar el autoaprendizaje, combinando metodologías analógicas y digitales para fortalecer la presencialidad mediante prácticas grupales que promuevan la inclusión y el dominio de tecnologías activas.

La propuesta se basa en la creación de un espacio-taller colaborativo especializado que retoma el valor del trabajo en equipo y el intercambio constante entre estudiantes, profesorado y especialistas, permitiendo una mejora significativa en la experiencia de la enseñanza y el aprendizaje. Fomentar este entorno físico favorece la participación

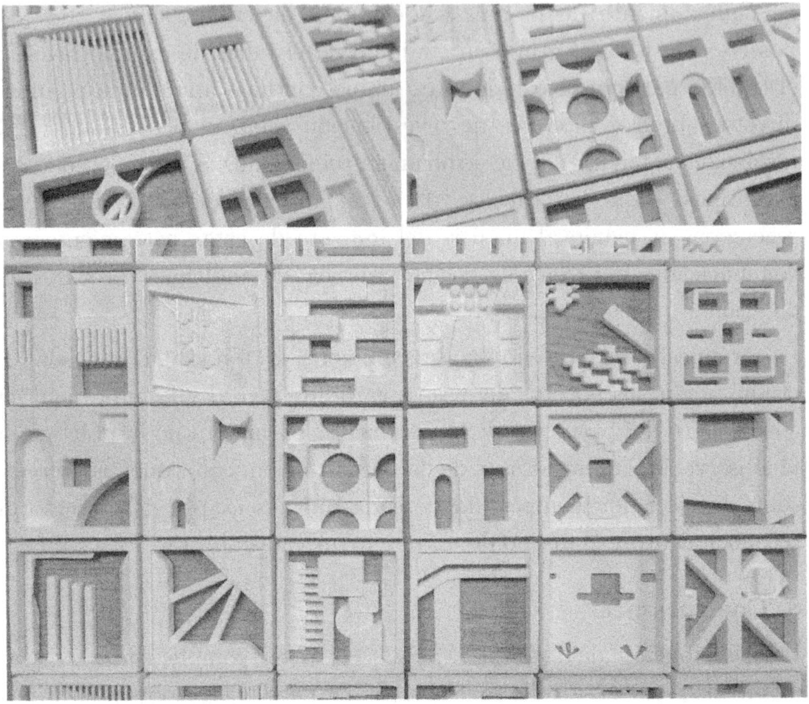

Figura 5. Prototipos didácticos, bloques ornamentales. Taller de verano 2023, UPRRP.

activa del estudiantado, con un impacto transformador en el desarrollo de habilidades básicas de visualización, creación y comunicación, así como en la transferencia de los conocimientos adquiridos.

El trabajo enfatiza el uso intensivo de tecnologías educativas, como la fabricación digital básica, en paralelo con metodologías de "aprender haciendo" que integren lo manual y lo digital. A través de la identificación de problemas compartidos y la creación de prototipos en equipo, se promueve un enfoque práctico que permite a los estudiantes desarrollar competencias relacionadas con el pensamiento crítico y la resolución de problemas desde las etapas iniciales del proceso de diseño.

En términos de avance en el campo del conocimiento, la propuesta introduce un espacio de práctica inédito en las primeras etapas de los estudios, cuyo eje común es el diseño colaborativo. Esta dinámica, abordada entre lo analógico y lo digital, facilita la materialización de prototipos de 'aprendizaje' y propicia un intercambio continuo entre estudiantes de diferentes disciplinas de ingeniería y arquitectura, el profesorado y los especialistas, alineándose con los objetivos del Doctorado en Diseño en preparación a ofrecerse por la UPC.

Como línea de exploración y trabajo futuro, se plantea la extensión del conocimiento adquirido sobre una posible colaboración con la Escuela de Terrassa (ESEIAAT) y el grupo de investigación de ingeniería papelera CELBIOTECH. Este oportuno vínculo permitirá indagar la viabilidad de la fabricación aditiva con celulosa y avanzar en estrategias innovadoras de prototipado con miras a ampliar el efecto de la propuesta tanto en el ámbito académico como en la práctica profesional.

Referencias

Das M., & Yang M. (2022). *Assessing Early Stage Design Sketches and Reflections on Prototyping.* Cambridge, Massachusetts: Massachusetts Institute of Technology. https://doi.org/10.1115/1.4053463

Desarrollo de Capacidades Creativas. *D-Lab Workshops.* (s. f.). Recuperado 02 de noviembre de 2024. https://d-lab.mit.edu/

Design & Thinking. (2012). Recuperado 15 de septiembre de 2024. https://designthinkingmovie.com/

Frampton, K., Andraos, A. (2017). *A Didactic Reality. Modeling History.* New York: Columbia Books on Architecture and the City. https://www.arch.columbia.edu/books/reader/221-modeling-history

Olmedo Torre, N., Peña Carrera, M., & Baltà Salvador, R. (2021). Experiencias de aprendizaje activo en ingeniería gráfica. En: *Research and Technology in Graphic Engineering and Design at the Universitat Politècnica de Catalunya*, 2, 37-48. Barcelona: OmniaScience. ISBN 978-84-122028-8-5. https://doi.org/10.3926/ege2021

Archivo documental

ADI Design Museum, Archivio del compasso d'oro. Milán, Italia. (Marzo 2024) https://www.adidesignmuseum.org/compasso-doro/archivio-del-compasso-doro/

Influencia de la presencia de fibras madereras en papeles japoneses de conservación

Eugenio Rabanedo-Cerrillo, Oriol Cusola, M. Blanca Roncero

Paper Engineering Research Group (CELBIOTECH)

Departament d'Enginyeria Gràfica i de Disseny

Resumen

El *washi*, o papel japonés, es un papel de conservación ampliamente empleado en todos los campos de la Conservación y Restauración de Bienes Culturales, especialmente en el campo del Papel y la Obra Gráfica. Es un material que se ha introducido y hegemonizado en Europa y Estados Unidos, así como otros países de occidente desde la década de 1970. Entre sus características principales se encuentra su alta transparencia, permanencia y propiedades de resistencia físico-mecánicas. Estos beneficios se achacan principalmente a la composición de este tipo de papeles, que suelen estar conformados por fibras liberianas autóctonas japonesas como el kozo, el gampi o el mitsumata. Sin embargo, algunos de estos papeles, adquiridos por instituciones de salvaguarda del patrimonio en las décadas de 1970 y 1980, están presentando un envejecimiento y pérdida de propiedades ópticas y físico-mecánicas anómalas, que además pueden suponer un riesgo para el patrimonio cultural que ya ha sido restaurado con ellos. En este artículo se buscan analizar dos de estos papeles, adquiridos por el Instituto del Patrimonio Cultural de España (IPCE) en la década de 1970, y compararlos con un papel *washi* de kozo, a fin de realizar un análisis de la composición fibrosa y de las propiedades estructurales y de resistencia físico-mecánica de los tres papeles japoneses. El objetivo es localizar los posibles detonantes o motivos de este deterioro precoz, así como su efecto en las propiedades de resistencia físico-mecánica de estos papeles.

Abstract

Washi, or Japanese paper, is a unique type of paper widely used and considered to be the best reinforcement material, for all fields of Cultural Properties' conservation and restoration, particularly in the field of Paper Conservation. Japanese paper was first introduced and established in Europe, the United States, and other western countries in the 1970s. Its most desirable qualities for conservation purposes include its high transparency and low grammage, while maintaining excellent mechanical and physical resistance properties along the advantage of very high permanence. These benefits are attributed to the fiber composition of these papers, typically made from Japanese non wood fibers, such as kozo, gampi or mitsumata. However, some of these papers, purchased by museums and cultural institutions along the 1970s and 1980s, are currently exhibiting an alarming signs of poor ageing and the consequent decrease in their optical and mechanical properties, potentially posing a risk for the cultural material that have already been preserved or restored with them. This article aims to study two different types of these papers, acquired by the Spanish Cultural Heritage Institute (IPCE) in the 1970's, and compare them with authentic *washi*, made of kozo fibers. The purpose is to analyze the fiber composition as well as the structural and mechanical properties of all these Japanese papers. Additionally, the study seeks to identify the possible triggers of this anomalous ageing and stablish its effects on the mechanical properties of these papers.

----

1. Introducción

Los primeros contactos, por parte de occidente, con el papel japonés, o *washi*, se remontan a 1543. Durante el periodo Edo (1603-1868) el último gobierno militar feudalista de Japón prohibió el contacto con la mayoría de los países extranjeros en 1639, siendo los alemanes los únicos europeos con permiso de acceso y comercio con el país. Es remarcable el uso de este papel en muchos de los grabados realizados por Rembrandt durante la segunda mitad de la década de 1640. La Exposición Internacional de Londres de 1862 supone un cambio de paradigma para este material, donde la sección japonesa expone distintos papeles tradicionales, con gran aceptación entre el público local debido, principalmente, a sus atributos estéticos (Mizumura et. al., 2015).

Casi cien años después, la inundación del casco histórico de Florencia, a raíz del desbordamiento del rio Arno en 1966, da lugar a la pérdida y casi destrucción de un patrimonio artístico y editorial contabilizado en millones de objetos. Conservadores de todo el mundo desarrollan nuevos métodos de intervención para la salvaguarda del patrimonio dañado, entre los cuales se incluye el empleo del *washi*. El papel japonés pasa a considerarse un material protagonista en la Conservación y Restauración de Patrimonio Cultural en occidente (Mizumura et. al., 2015; Masuda, 2016, Webber, 2017).

Entre las características más destacables para justificar su hegemonía como soporte celulósico en el campo de la Conservación y Restauración de Bienes Culturales, sobresale la estabilidad del *washi* al envejecimiento - particularmente el hecho de fibras de kozo -, junto con la resistencia físico-mecánica de estos papeles, la baja opacidad y gramajes a los que se puede fabricar. Estas propiedades hacen este tipo papeles idóneos para la restauración de todo tipo de obras gráficas, documentos y libros (Prestowitz et. al., 2018).

En las décadas de 1970 y 1980, distribuidores internacionales como Japico, Paper Nao o Moriki Paper, comienzan a importar y vender papeles japoneses de gran calidad en occidente (Webber, 2006). Sin embargo, la falta de conocimiento sobre los requisitos y características específicas de su composición, ha hecho que con el paso del tiempo, muchos de los papeles japoneses adquiridos en aquella época, y empleados en la restauración de miles de objetos de interés cultural desde entonces, empiecen a presentar problemáticas como un envejecimiento precoz, traducido a un amarilleamiento de la superficie y a una acidificación del material celulósico, así como deterioros que los inhabilitan como material apto para labores de C+R al no ser neutro, estable e inocuo (Mizumura et. al., 2015).

En este artículo se presenta el estudio de la composición en fibras y la medición de las propiedades de resistencia físico-mecánicas de dos papeles japoneses adquiridos por el Instituto del Patrimonio de España (IPCE) en 1977. Ambos papeles presentan un elevado deterioro de las propiedades ópticas y un estado de envejecimiento avanzado, anómalo para las especificaciones de este tipo de material. Los resultados obtenidos los distintos análisis realizados a estos papeles japoneses se comparan con los vistos en un *washi* de fibras de kozo, previamente analizado y estudiado, a fin de comparar y tratar de identificar los motivos o desencadenantes del deterioro de estos papeles.

2. Materiales y métodos

2.1. Papeles japoneses comerciales de conservación

El papel *washi* comercial de fibras de kozo (200628/1 *Sekishu thin* 13,5 g/m2), ha sido comprado a la empresa Arte y Memoria S.L. Los papeles comerciales *No. Ref #2* y Arakaji (632 381 Arakaji) han sido cedidos por el Instituto del Patrimonio Cultural Español (IPCE) y adquiridos a Japico Dietz GmbH, en 1977.

2.2. Microscopía óptica

La caracterización óptica de las fibras se ha llevado a cabo con el microscopio óptico Olympus BH2, con cámara escáner Infinity X. El reactivo por tinción Herzberg ha sido empleado para la identificación de las fibras. Toda la caracterización óptica e imágenes de las distintas fibras empleadas se ha realizado a 40 aumentos.

2.3. Análisis cuantitativo de composición fibrosa de los papeles

Se ha realizado en el microscopio óptico, siguiendo el método estadístico de recuento de fibras y el método EFPG (L'Ecole Française de Papeterie de Grenoble), de análisis por numeración referida al diámetro de campo (García-Hortal, 2007).

2.4. Gramaje, espesor, densidad

El gramaje se ha determinado con una balanza de precisión analógica, dividiendo el peso de la muestra entre su área, tal y como establece la norma EN ISO 536:1997. El espesor se ha medido con un micrómetro digital siguiendo la norma EN ISO 534:2005. La densidad se ha obtenido dividiendo el gramaje entre el espesor de cada muestra, según la norma EN ISO 543:2005. Se han realizado 10 medidas por cada tipo de papel.

2.5. Dinamómetro electrónico

El dinamómetro electrónico se ha empleado para medir la resistencia a la tracción en seco, la elongación de los papeles, el TEA y la fuerza máxima. Debido a las especificaciones de los papeles caracterizados, no se ha podido seguir ninguna norma estandarizada, haciendo diversas pruebas hasta dar con unas condiciones de distancia entre mordazas, caída, y velocidad de carga que daban lugar a las mediciones con el intervalo de confianza más bajo. Se han realizado entre 10 y 15 pruebas de resistencia a la tracción, en seco, por tipo papel comercial. Las condiciones a las que se ha empleado el dinamómetro electrónico para caracterizar los papeles japoneses han sido con una velocidad de carga de 10 mm/min. La distancia entre mordazas ha sido de 100 mm. La velocidad de caída ha sido del 10 %. Estas condiciones se han empleado en todos los papeles caracterizados en dirección máquina (en adelante DM) y en dirección transversal (en adelante DT). Los valores obtenidos se han convertido en Índices de Resistencia a la Tracción para poder comparar papeles de distintos gramajes entre si.

2.6. Resistencia a la Tracción Zero-Span

La resistencia a la tracción en Zero-Span se ha determinado siguiendo la norma ISO 15361 Pulps – *Determination of zero-span tensile strenght wet or dry*. Se ha realizado con dos muestras simultáneamente y en DM. Los valores obtenidos se han convertido en Índices de Resistencia al Zero-Span.

2.7. Resistencia al Desgarro

Las mediciones de resistencia al desgarro también se han tenido que adaptar a las particularidades físicas de los papeles analizados, no pudiendo seguir la norma estandarizada correspondiente de forma total (UNE EN 1974: 2013). Se han realizado entre 10 y 15 pruebas de resistencia al desgarro por tipo papel comercial.

La norma se ha seguido en lo que respecta a dimensiones de las muestras para su medición, pero la cantidad de hojas ensayadas por

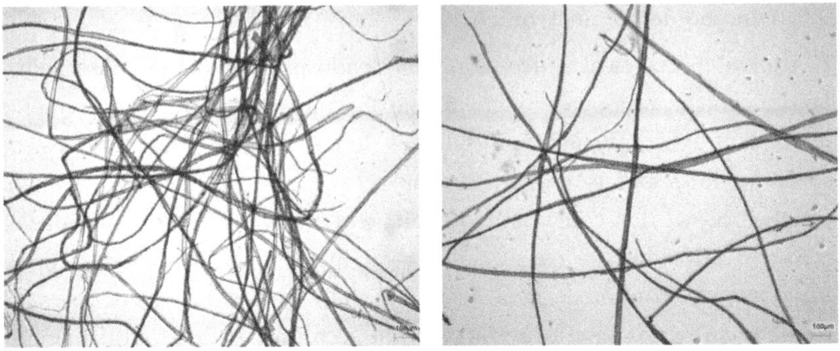

Figura 1. Microscopía óptica de la fibra del washi 200628/1 Sekishu thin *con fibra de kozo. Vista a 40 aumentos.*

cada lectura del desgarro ha sido 1 en vez de 4. Esta propiedad ha sido medida solo en DM. En DT había un gran número de ensayos que se han dado por nulos por que la fuerte direccionalidad de la fibra, así como su largaría, que hacía que el desgarro no fuera lineal, o incluso completo, en muchos de los casos. Los valores obtenidos se han convertido en Índices de Resistencia al Desgarro.

2.8. Resistencia al Estallido

La resistencia al estallido se ha medido siguiendo la norma UNE-EN ISO 2758:2014. Los valores obtenidos se han convertido en Índices de Resistencia al Estallido.

3. Caracterización de los papeles de conservación

La caracterización de los papeles ha consistido en la medición de propiedades estructurales (gramaje, grosor y cálculo de la densidad aparente), de las propiedades ópticas (identificación y recuento estadístico de las fibras celulósicas) y las propiedades físico-mecánicas (Resistencia a la Tracción; Resistencia. a la Tracción Zero-Span; Resistencia al Desgarro; Resistencia al Estallido).

3.1. Microscopía óptica

La caracterización óptica ha consistido en la identificación de las fibras presentes en los tres tipos de papeles de conservación por microscopía óptica a fin de ver su morfología. El análisis óptico ha determinado la presencia de fibras liberianas en los tres papeles japoneses. El papel japonés sekishu thin (Figura 1), empleado como control, está conformado en su totalidad por fibras de kozo. Estas fibras presentan una morfología integra, conformando una trama fibrosa homogénea. La obtención y cocción de estas fibras se ha realizado con algún agente alcalino suave, que ha dado a lugar a una fibra larga, entera y sin daños. Se puede concluir que este es un auténtico papel japonés *washi*.

La microscopía óptica de los otros dos papeles de conservación comerciales ha desvelado la presencia de fibras madereras en su composición, fácilmente discernibles por las diferencias de grosor y morfología con respecto a las liberianas. En ambos papeles, la fibra maderera pertenece al grupo de las coníferas, como se puede determinar por las punteaduras areoladas visibles en la pared de la fibra (Figura 2). A diferencia de las fibras liberianas, estas fibras presentan un aspecto dañado y mucha heterogeneidad de tamaño.

La tinción azulada/morada del reactivo Herzberg indica un tratamiento de cocción químico de estas fibras. Las fibras con este tipo de tratamiento presentan poca estabilidad frente al envejecimiento con respecto a las fibras liberianas y suelen contener impurezas, y residuos, que deterioran la fibra a largo plazo, sobre todo si se ha empleado un agente clorado para su preparación (Prestowitz et. al., 2018). Su presencia puede ser uno de los motivos del envejecimiento anómalo de estos papeles de conservación.

Estas fibras madereras parecen estar en menor en porcentaje en el papel de conservación Sin. Ref #2 (Figura 2) con respecto al papel Arakaji (Figura 3), donde se pueden identificar traqueidas de pino de madera de verano, características por el borde puntiagudo de las fibras coníferas. (Garcia-Hortal, 2007).

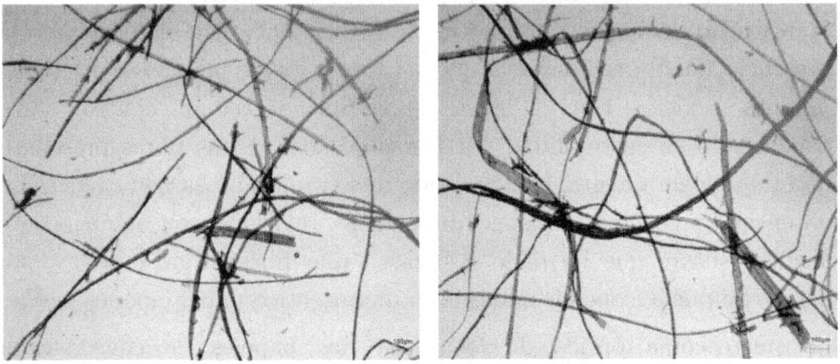

Figura 2. Microscopía óptica de la fibra de papel japonés comercial No ref. #2 *con fibras químicas de conífera y kozo. Vista a 40 aumentos.*

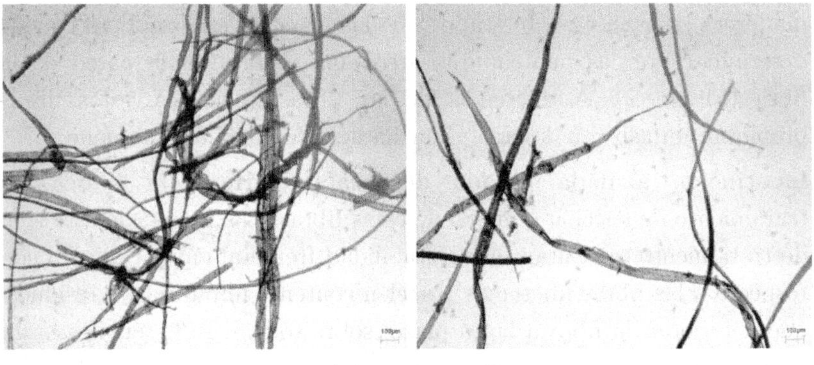

Figura 3. Microscopía óptica de la fibra del japonés comercial 632 381 Arakaji con fibras químicas de conífera y kozo. Vista a 40 aumentos.

Identificada la presencia de fibras químicas de conífera en ambos papeles, se ha procedido a determinar el porcentaje de fibra maderera y liberiana en cada uno de ellos empleando el método EFPG (Garcia-Hortal, 2007). Se han medido tambien las propiedades estructurales de gramaje, espesor y densidad de los tres papeles para ver si hay un efecto del porcentaje de cada tipo de fibra en estas propiedades.

Los resultados se exponen en la siguiente tabla:

Nombre comercial	Composición (%)	Gramaje (g/m²)	Espesor (µm)	Densidad (g/cm³)
200628/1 Sekishu thin	Kozo (100 %)	13,5	51,5	0,262
No Ref. #2	Kozo (85 %) Conifera quím. (15 %)	61,4	80,6	0,762
632 381 Arakaji	Kozo (35 %) Conifera quím. (65 %)	59,6	88,5	0,673

Tabla 1. Valores de gramaje, espesor, densidad y composición de los papeles comerciales de kozo, y washi *con fibras madereras.*

El método de recuento estadístico de fibras ha cuantificado la presencia de fibra maderera en un 15 %, en el caso del papel *No Ref. #2*, y de un 65 % en los papeles Arakaji (Tabla 1). El *Sekishu thin*, compuesto íntegramente de fibras de kozo, muestra un elevado espesor con respecto al gramaje, lo que da lugar a una densidad aparente muy baja. La adición de fibras madereras contribuye a hacer los papeles más densos si bien, en el caso de los otros dos papeles japoneses, no parece afectar de forma significativa a estos parámetros. Se han procedido a realizar algunos ensayos de propiedades físico-mecánicas de los papeles, a fin de ver como la composición mixta de fibras, en diferentes porcentajes, afecta a estas propiedades de resistencia.

3.2. Caracterización físico-mecánica

Las propiedades físico-mecánicas permiten medir las distintas propiedades de resistencia de los papeles y de su trama fibrosa, a nivel colectivo e individual. Durante el desarrollo de estas pruebas también se han tratado medir propiedades de superficie, como la permeancia al aire con los aparatos Bendtsen, Gurley y Bekk, así como propiedades de lisura y rugosidad con los aparatos Bendtsen y Bekk. Sin embargo, los valores de gramaje y espesor bajos de estos papeles dan cifras incongruentes que no permiten establecer una caracterización consistente de estas propiedades.

Los índices de Resistencia a la Tracción muestran mayores valores de resistencia en DM en todas las hojas, habiendo una clara direccionalidad de la fibra en los papeles y siendo los valores más altos los obtenidos en los papeles *washi* de fibra de kozo 100 %. Esta resistencia baja gradualmente conforme aumenta el porcentaje de fibra maderera en la composición de los papeles japoneses. Los valores en dirección DT de esta propiedad se mantienen en porcentajes de fibra de kozo 100 % y 85 %, pero disminuyen en torno a 8 puntos cuando el porcentaje de esta fibra baja al 35 % (Figura 4a). Esto puede deberse a una disminución de enlaces en las fibras madereras con respecto a las fibras liberianas.

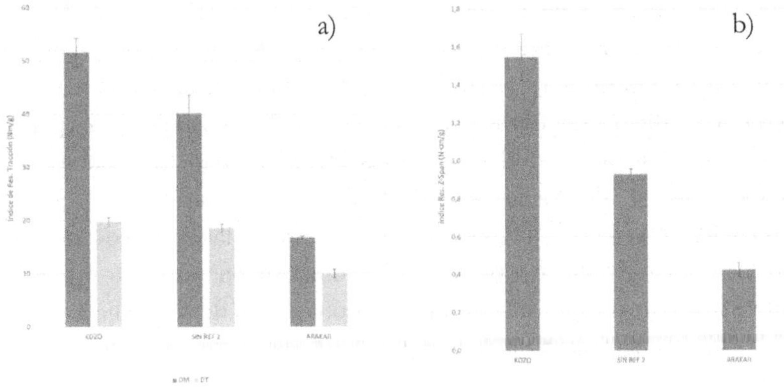

Figura 4. Índice de Resistencia a la Tracción en DM y DT en seco (a) e Índice de Resistencia al Zero-Span (b) en papeles de conservación comerciales.

En cuanto a la Resistencia a la Tracción Zero-Span (Figura 4b), que mide la resistencia a nivel individual de la fibra, se puede apreciar un decremento significativo de resistencia entre la fibra de kozo del *Sekishu thin* y a la fibra kozo del Sin *Ref. #2*, donde el porcentaje de fibra liberiana sigue siendo muy elevado, que puede ser achacado al tipo de tratamiento y al tipo de agente de blanqueo empleado durante la fabricación de las pastas de los papeles *Sin Ref. #2* (Inaba et.al., 2019; 2002).

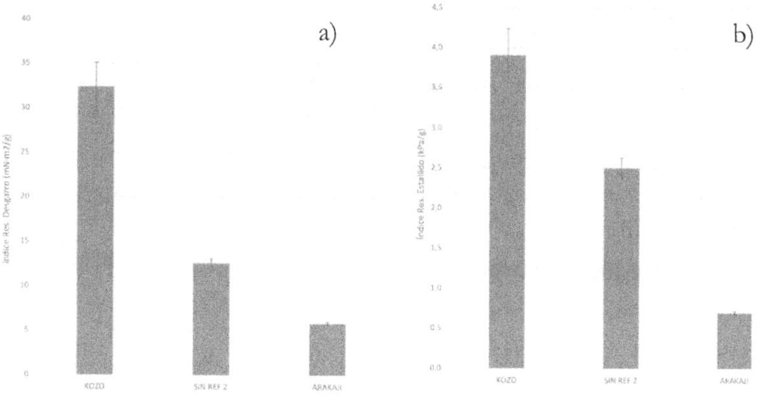

Figura 5. Índice de resistencia al Desgarro (en DM) e índice de Resistencia al Estallido en papeles de conservación comerciales.

La tendencia de decremento de la resistencia, conforme disminuye el porcentaje de fibra de kozo en la composición de los papeles, se mantiene, de nuevo, con la Resistencia al Desgarro (Figura 5, a)), y con la Resistencia al Estallido (Figura 5, b)).

4. Conclusiones

Los papeles *Sekishu thin*, que contienen 100 % fibras de kozo, muestran una mayor resistencia a todos los ensayos de las propiedades físico-mecánicas. En el caso de la Resistencia a la Tracción, los resultados vistos -tanto entre los distintos papeles analizados, como entre las medidas en DM y DT-, muestran una pronunciada orientación de la fibra y un descenso de las propiedades de resistencia que puede deberse al descenso de la cantidad y calidad de enlaces entre fibras de distinto origen conforme aumenta el porcentaje de fibra maderera respecto a la fibra liberiana. Algunos autores afirman que la fibra de kozo, al ser larga y con tendencia de entrelazarse sobre sí misma, no requiere de fibrilación para hacer papeles fuertes y resistentes (Song, 2017). Se puede presuponer que a mayor cantidad de fibra de kozo, mayor longitud de media de las fibras, y por tanto mayor superficie de contacto, y mayor cantidad y calidad en los enlaces entre fibras.

Los resultados obtenidos con los ensayos de Resistencia a la Tracción en Zero-Span imitan la tendencia de decremento de resistencia vista en la Resistencia a la Tracción en DM, lo cual es indicativo de un descenso del grado de enlace entre fibras conforme aumenta el porcentaje de fibra maderera en la composición del papel japonés. Esto puede deberse a la morfología de estas fibras madereras, dañadas y rotas, o bien a su capacidad reducida de generar enlaces fuertes entre sí, a diferencia de las fibras liberianas. La tendencia se mantiene también en las pruebas de Resistencia al Desgarro y en las de Resistencia al Estallido, lo que puede relacionarse, en el primer caso, con la disminución de la longitud media de las fibras y, en el segundo caso, con la disminución de los enlaces interfibrilares, al incorporarse la fibra maderera en la composición de los papeles de conservación.

Se puede concluir que los papeles japoneses de conservación hechos únicamente con fibra de kozo, es decir los auténticos *washi*, presentan unas mayores características de resistencia físico-mecánica con respecto a los papeles que incorporan también fibras madereras. Conforme aumenta el porcentaje de fibra maderera en la composición de estos papeles, disminuyen sus propiedades de resistencia físico-mecánica.

Agradecimientos

Al Instituto de Patrimonio Cultural Español (IPCE) y a su equipo por la cesión de las muestras objeto de este estudio. Esta publicación es parte del proyecto PID2020-114070RB-I00 (CELLECOPROD), fundado por MCIN/AEI/10.13039/501100011033. El autor principal, E. Rabanedo-Cerrillo, agradece a la Universitat Politècnica de Catalunya la financiación de su proyecto predoctoral mediante la beca FPI-UPC_2022. Los autores también quieren agradecer el grupo de investigación AGAUR 2021 SGR 00852.

Referencias

Garcia-Hortal, J. A. (2007). *Fibras papeleras.* Quality Impress S.L.

Inaba, M., Chen, G., Uyeda, T., Katsumata, K., & Okawa, A. (2002). *The effect of cooking agents on the permeance of washi. Restaurator.* [en línea]. Munich, 2002, 23, 133-144, ISSN 0034-5806. [Consulta: 19 diciembre 2024]. Disponible en https://www.researchgate.net/publication/240754589_The_Effect_of_Cooking_Agents_on_the_Permanence_of_Washi_Part_II

Inaba, M., Hasegawa, S., Handa, M., Enomae, T., Takashima, A., Hant, A. et al. (2019). Effect of sheet forming method on wet tensile strength of Usu-mino-gami (Japanese kozo paper). *Japan Tappi Journal* [en línea]. Tokio, Junio, 2019, 73(6), 567-574. ISSN 1881 - 1000 [Consulta: 19 diciembre 2024]. Disponible en https://www.researchgate.net/publication/335561852_Effect_of_Sheet_Forming_Method_on_Wet_Tensile_Strength_of_Usu-mino-gami_Japanese_Kozo_Paperen

Masuda, K. (2016). World-wide spread of conservation using Japanese paper. The association for study of washi culture [en línea]. Tokio, *National Archives of Japan*, 24-29. [Consulta: 18 abril 2022]. Disponible en https://www.archives.go.jp/english/news/pdf/ica2016_04.pdf

Mizumura, M., Kubo, T., & Moriki, T. (2017). Japanese paper: History, development and use in Western paper conservation. Adapt & Evolve 2015: East Asian Materials and Techniques in Western Conservation. *Proceedings from the International Conference of the Icon Book & Paper Group.* London 8-10 April 2015 [en línea]. London, the Institute of Conservation, 43-59. [Consulta: 19 diciembre 2024]. Disponible en https://creativecommons.org/licenses/by-nc-nd/4.0/

Prestowitz, B., & Katayama, Y. (2018). Washi: Understanding Japanese paper as a material of culture and conservation. The Book and Paper Group Annual 37. [en línea]. Houston, Mayo, 2018, *AIC's 46th Annual Meeting*, 78-91. [Consulta: 19 diciembre 2024]. Disponible en https://cool.culturalheritage.org/coolaic/sg/bpg/annual/v37/bpga37-13.pdf

Song, M. (2017). Evaluation of conservation quality Eastern papers regarding materials and process. Adapt & Evolve 2015: East Asian Materials and Techniques in Western Conservation. *Proceedings from the International Conference of the Icon Book & Paper Group.* London 8-10 April 2015 [en línea]. London, the Institute of Conservation, 137-1487. [Consulta: 19 diciembre 2024]. Disponible en https://www.icon.org.uk/asset/E3D7CEB3-8C91-40E6-9FE8989BE96FC97F/

Webber, P. (2006). East and Weast: A unified approach to paper conservation. The Paper Conservator [en línea]. London, *Taylor & Francis Online*, 30(1), 43-56. ISSN 0309 – 4227 [Consulta: 19 diciembre 2024]. Disponible en https://doi.org/10.1080/03094227.2006.9638432

Webber, P. (2017). The use of Asian paper conservation techniques in Western collections. Adapt & Evolve 2015: East Asian Materials and Techniques in Western Conservation. *Proceedings from the International Conference of the Icon Book & Paper Group.* London 8-10 April 2015 [en línea]. London, the Institute of Conservation, 12-27. [Consulta: 19 diciembre 2024]. Disponible en https://www.icon.org.uk/asset/8CE9E551-BFA2-424C-B247344479BFB897/

Mitigación de cargas y optimización energética en aerogeneradores modernos

Pablo Rodríguez López

Escola S. d'Enginyeries Industrial, Aeroespacial i Audiovisual de Terrassa

Francisco Bermúdez Rodríguez

Escola S. d'Enginyeries Industrial, Aeroespacial i Audiovisual de Terrassa

Departament d'Enginyeria Gràfica i de Disseny

Resumen

El artículo aborda la tecnología de control de flujo mediante inyección y succión de aire aplicada a turbinas eólicas, destacando su potencial para optimizar el rendimiento aerodinámico y mejorar la fiabilidad mecánica. Estas técnicas permiten gestionar el flujo de aire alrededor de las palas, mitigando problemas como la separación del flujo y la generación de turbulencias. Esto reduce las fluctuaciones en las cargas dinámicas, lo que alivia el desgaste en componentes clave como los rodamientos, comúnmente afectados por grietas blancas (WECs). Además, se analiza cómo estas tecnologías interactúan con estrategias de mantenimiento predictivo para minimizar los tiempos de inactividad y los costos asociados. Aunque estas tecnologías se encuentran mayormente en etapa de investigación, los resultados experimentales son prometedores, destacando su viabilidad en términos de eficiencia energética y sostenibilidad económica en parques eólicos densamente poblados.

Abstract

The article explores air injection and suction flow control technology applied to wind turbines, emphasizing its potential to optimize aerodynamic performance and enhance mechanical reliability. These techniques manage airflow around the blades, addressing issues like flow separation and turbulence generation. This reduces fluctuations in dynamic loads, alleviating wear on critical components such as bearings, which are often affected by White Etching Cracks (WECs). Furthermore, the study examines how these technologies interact with predictive maintenance strategies to minimize downtime and associated costs. Although these technologies are primarily in the research phase, experimental results are promising, highlighting their viability in terms of energy efficiency and economic sustainability in densely populated wind farms.

---

1. Introducción

La energía eólica se ha consolidado como una de las fuentes de energía renovable más importantes en la transición hacia un modelo energético sostenible, gracias a su abundancia y su baja huella ambiental (Aubrun et al., 2017). Cada año, los países invierten una mayor cantidad de presupuesto en el desarrollo e instalación de esta tecnología que aprovecha la energía cinética del viento para generar electricidad a través de aerogeneradores, implementando en el camino avances significativos en diseño y eficiencia para mejorar así su desempeño.

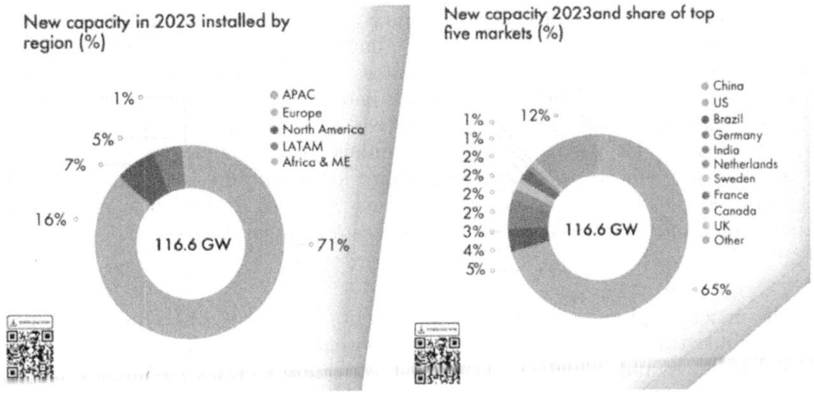

Figura 1. Estado global de la energía eólica en el año 2023. Fuente: GWEC.

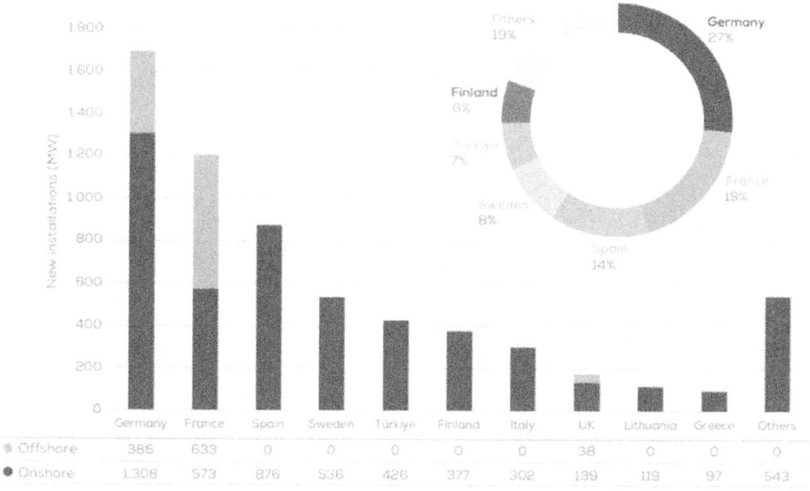

Figura 2. Nuevas instalaciones de energía eólica terrestre y marina en Europa en el primer semestre de 2024. Fuente: WindEurope.

Actualmente, las turbinas eólicas logran una eficiencia del 40 al 50 % (Enel Green Power, s. f.) en la conversión de energía, acercándose al límite teórico del 59 % establecido por la ley de Betz (De Lellis et al., 2018). Sin embargo, este nivel de rendimiento, aunque notable, enfrenta desafíos importantes que comprometen su potencial total.

El principal problema relacionado con la eficiencia de los aerogeneradores no radica únicamente en la conversión aerodinámica, sino en los fallos mecánicos asociados al sistema de transmisión, específicamente en los rodamientos. Estos componentes son fundamentales para el funcionamiento del generador y el movimiento de las palas, pero están sujetos a condiciones operativas extremas, como cargas dinámicas fluctuantes y altas velocidades de rotación. Su deterioro frecuente genera tiempos de inactividad prolongados, lo que impacta negativamente en la productividad del aerogenerador (Sheng, Shuangwen, 2016). Además, las tareas de mantenimiento son particularmente complejas y costosas debido a la ubicación remota y la escala de estas estructuras.

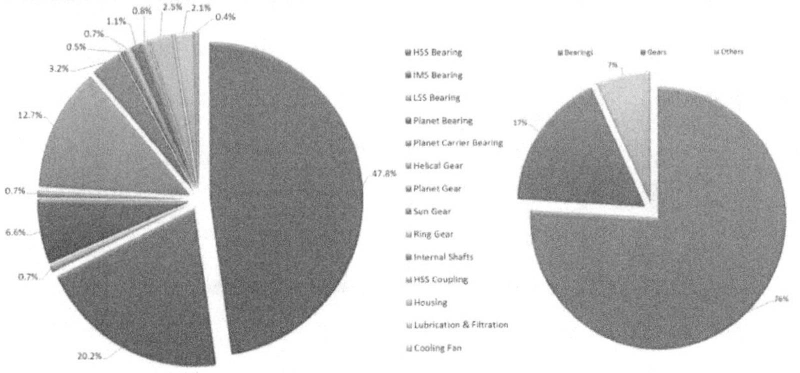

Figura 3. Distribución de daños registrados en los mecanismos de transmisión de las turbinas. Fuente: US Department of Energy.

En este contexto, el control de flujo mediante sistemas de inyección y succión de aire emerge como una solución innovadora para mitigar los problemas mecánicos y aerodinámicos de los aerogeneradores de eje horizontal (HAWT) (Wang et al., 2022; Macquart, Maheri & Busawon, 2017). Este enfoque permite optimizar el flujo de aire alrededor de las palas, lo que no solo mejora la eficiencia energética sino que también reduce las cargas dinámicas que contribuyen al desgaste prematuro de los componentes mecánicos. Esta investigación exploratoria hace una revisión de la tecnología actual, sus principios operativos, las aplicaciones potenciales en el ámbito eólico y los desafíos que enfrenta para su implementación práctica.

2. Metodología

La metodología adoptada para el desarrollo de este trabajo se estructuró con el objetivo de abordar de forma inicial el tema del control de flujo mediante sistemas de inyección y succión de aire en aerogeneradores y comprobar los beneficios que puede suponer el uso de estas técnicas de aerodinámica activa.

El primer paso consistió en la revisión de la literatura existente, priorizando artículos científicos, publicaciones en revistas especializadas y reportes técnicos que trataran la aerodinámica activa y su aplicación en turbinas eólicas. Esta etapa permitió establecer los fundamentos conceptuales necesarios, como los principios físicos de inyección y succión de aire, y contextualizar su relevancia en la mejora de la fiabilidad mecánica de los aerogeneradores y del rendimiento energético global de los parques eólicos. También fue

clave para delimitar el alcance del trabajo, asegurando un enfoque centrado en el impacto práctico de estas tecnologías.

Esta metodología no solo asegura una comprensión profunda del tema, sino que también aporta una visión crítica que conecta los principios de la aerodinámica activa con los desafíos y oportunidades presentes en la generación de energía eólica.

3. Marco teórico

El control de flujo mediante inyección y succión opera modificando la interacción entre el flujo de aire y la superficie aerodinámica de las palas (Gad-el-Hak, 2000). Este fenómeno está gobernado por la dinámica de la capa límite, una región próxima a la superficie de la pala donde las fuerzas viscosas predominan (Gad-el- Hak, 2000). La separación del flujo, que ocurre cuando el aire pierde adherencia a la superficie, genera turbulencias, reduce la sustentación y aumenta la resistencia aerodinámica, afectando directamente la eficiencia energética y provocando fluctuaciones en las cargas estructurales (Gad-el-Hak, 2000). Por tanto, como solución a estos problemas surgen las siguientes tecnologías estudiadas en la elaboración de este informe.

Tecnología	Funcionamiento
Inyección de energía al flujo	Este mecanismo introduce aire a alta velocidad en regiones críticas del perfil aerodinámico. Su propósito es revitalizar el flujo dentro de la capa límite, retrasando su separación en puntos críticos. Este proceso no solo incrementa el coeficiente de sustentación, sino que también reduce las pérdidas energéticas asociadas a la formación de turbulencias. En la práctica, esta técnica puede implementarse mediante actuadores piezoeléctricos o ranuras en la superficie de la pala, que inyectan aire de forma controlada según las condiciones del flujo circundante
Succión de flujo perturbado	Este principio complementa a la inyección al extraer aire desfavorable de la capa límite, particularmente en regiones donde el flujo tiende a separarse. Al mantener un flujo más laminar y estable, se reducen las fuerzas aerodinámicas negativas y las vibraciones estructurales en las palas. Los sistemas de succión suelen utilizar bombas o ventiladores integrados en las palas para canalizar el aire hacia el interior
Control de turbulencias aguas abajo	La combinación de inyección y succión permite suavizar el flujo detrás de las turbinas, mitigando los efectos de las estelas que impactan negativamente las turbinas posteriores en parques eólicos densamente poblados. Este control mejora la uniformidad del flujo aguas abajo, optimizando la eficiencia colectiva del parque eólico

Tabla 1. Tecnologías de aerodinámica activa aplicadas en aerogeneradores. Fuentes: Wang et al., 2022; Fu et al., 2023.

Las ventajas aerodinámicas descritas no solo tienen un impacto directo en la eficiencia energética, sino que también están relacionadas con el comportamiento mecánico del sistema de transmisión, particularmente de los rodamientos. Los estudios han identificado las grietas blancas (White Etching Cracks, WECs) como una causa común de fallos en los rodamientos. Estas grietas, formadas durante el proceso de fabricación y exacerbadas por cargas dinámicas fluctuantes, son responsables de la pérdida prematura de funcionalidad en los aerogeneradores (Sheng & Shuangwen, 2016; Manieri, et al., 2019).

La implementación de tecnologías de control de flujo activo puede mitigar este problema. Al reducir las fluctuaciones en las cargas dinámicas que afectan a las palas, la estabilización del flujo disminuye las tensiones transmitidas al sistema de transmisión, incluyendo los rodamientos, siendo este un factor clave a tener en cuenta en el período de funcionamiento inicial del rodamiento (Manieri, et al., 2019). Esto no solo prolonga la vida útil de estos componentes, sino que también minimiza los periodos de inactividad por fallos mecánicos, reduciendo significativamente los costos de mantenimiento y suponiendo de manera indirecta, una mejora en la productividad de la energía y por tanto, una mejora en la eficiencia global del sistema.

4. Estado de la tecnología

Las tecnologías de aerodinámica activa, aplicadas a turbinas eólicas, mencionadas anteriormente (Wang, et al., 2022), se encuentran principalmente en etapa de investigación. Se han desarrollado prototipos y se han llevado a cabo pruebas experimentales para explorar su viabilidad. Estas tecnologías buscan mejorar la eficiencia energética y reducir las cargas estructurales en las turbinas, empleando dispositivos como actuadores integrados que manipulan el flujo de aire en tiempo (Macquart, et al., 2017). Sin embargo, su implementación comercial está limitada debido a desafíos técnicos y económicos, como los altos costos de fabricación e instalación y la necesidad de sistemas de control avanzados para su operación efectiva (Chen, et al., 2024). Las investigaciones actuales están enfocadas en la optimización de estos sistemas para garantizar su viabilidad práctica y económica, con resultados prometedores en cuanto a la reducción de las fluctuaciones aerodinámicas y la mejora de la eficiencia global de los aerogeneradores (Macquart, et al., 2017). Además, su integración en parques eólicos ya existentes presenta oportunidades para mejorar el rendimiento general sin la necesidad de reemplazar infraestructuras completas.

5. Conclusiones

La implementación del control de flujo mediante sistemas de inyección y succión de aire en turbinas eólicas, combinado con la detección temprana de fallos mecánicos en los rodamientos, podría constituir una estrategia integral para mejorar la eficiencia y la fiabilidad de los aerogeneradores. Los principios de adición de energía al flujo a través de inyección, eliminación del flujo perturbado mediante succión y el control de turbulencias aguas abajo, son fundamentales en esta propuesta, como se describe en estudios recientes (Manieri, et al., 2019; Wang, et al., 2022; Fu, et al., 2023; Macquart, et al., 2017).

La inyección de aire a alta velocidad en regiones estratégicas de la pala permite revitalizar el flujo en la capa límite, retrasando su separación en puntos críticos. Este mecanismo mejora el coeficiente de sustentación y reduce las pérdidas energéticas asociadas a turbulencias indeseadas, incrementando así la eficiencia global de la turbina y reduciendo las cargas fluctuantes que favorecen el ensanchamiento de las grietas en los rodamientos (Macquart, et al., 2017; Manieri, et al., 2019). Por otro lado, la succión de aire desfavorable en áreas donde el flujo tiende a separarse contribuye a mantener un flujo más estable y laminar. Esto no solo mejora el rendimiento aerodinámico de las palas, sino que también reduce las cargas estructurales provocadas por las turbulencias (Macquart, et al., 2017). En conjunto, estas técnicas no solo optimizan el rendimiento individual de cada aerogenerador, sino que también tienen implicaciones significativas en los parques eólicos densamente poblados. Al suavizar el flujo detrás de las turbinas, el control combinado de inyección y succión minimiza los efectos negativos de las estelas sobre las turbinas posteriores, mejorando la eficiencia colectiva del parque (Fu, et al., 2023).

La combinación de sistemas de inyección y succión de aire con estrategias de mantenimiento predictivo centradas en los rodamientos ofrece una vía prometedora para aumentar la fiabilidad y la sostenibilidad de los aerogeneradores modernos. Sin embargo, lograr esta sinergia requiere superar desafíos tecnológicos y económicos, y continuará siendo un foco prioritario para la investigación y la innovación en el sector eólico.

Referencias

Aubrun, S., Leroy, A., & Devinant, P. (2017). *A review of wind turbine oriented active flow control strategies.* https://doi.org/10.1007/s00348-017-2412-0

Chen, R., Zhang, K., Luo, M., An, Y., & Guo, L. (2024). Deep Learning-Based Prediction of Pitch Response for Floating Offshore Wind Turbines. *J. Mar. Sci. Eng.*, 12, 12. https://doi.org/10.3390/jmse12122198

De Lellis, M.; Reginatto, R.; Saraiva, R.; Trofino, A. (2018). The Betz limit applied to Airborne Wind Energy. *Renewable Energy,* 127, 32-40. https://doi.org/10.1016/j.renene.2018.04.034

Enel Green Power. (s. f.). *Todas las ventajas de la energía eólica.* https://www.enelgreenpower.com/es/learning-hub/energias-renovables/energia-eolica/ventajas-energia-eolica

Gad-el-Hak, M. (2000). *Flow Control: Passive, Active, and Reactive Flow Management*. Cambridge University Press. https://doi.org/10.1017/CBO9780511529535

GWEC. (2024). *Global Wind Report 2024* [Dataset]. https://gwec.net/global-wind-report-2024/

Macquart, T., Maheri, A., & Busawon, K. (2017). A decoupling control strategy for wind turbine blades equipped with active flow controllers. *Wind Energy*, 20(4), 567-749. https://doi.org/10.1002/we.2024

Manieri, F., Stadler, K., Morales-Espejel, G., & Kadiric, A. (2019). The origins of white etching cracks and their significance to rolling bearing failures. *International Journal of Fatigue*, 120, 107-133. https://doi.org/10.1016/j.ijfatigue.2018.10.023

Sheng, S. (2016). Wind Turbine Gearbox Reliability Database, Condition Monitoring, and Operation and Maintenance Research Update.*DRC Workshop, 16-17 February, 2016.* https://www.osti.gov/biblio/1245540

Fu, S., & Li, Z. (2023). Study on aerodynamic performance and wake characteristics of a floating offshore wind turbine under pitch motion. *Renewable Energy*, 205, 317-325. https://doi.org/10.1016/j.renene.2023.01.040

Wang, P., Liu, Q., Li, C., Xu, Z., Yue, M., & Miao, W. (2022). Investigation of the aerodynamic characteristics of horizontal axis wind turbine using an active flow control method via boundary layer suction. *Renewable Energy*, 198, 1032-1048. https://doi.org/10.1016/j.renene.2022.08.075

Wind Energy Technologies Office. (2015). *Statistics Show Bearing Problems Cause the Majority of Wind Turbine Gearbox Failures* [Dataset]. https://www.energy.gov/eere/wind/articles/statistics-show-bearing-problems-cause-majority-wind-turbine-gearbox-failures

WindEurope. (2024). *New onshore and offshore wind energy installations in Europe in the first half of 2024* [Dataset]. https://windeurope.org/intelligence-platform/product/latest-wind-energy-data-for-europe-autumn-2024/

Diagnóstico energético de Betanzos

Roque Ruiz Martínez

Escola d'Enginyeria de Barcelona Est

Bàrbara Sureda Carbonell

Escola d'Enginyeria de Barcelona Est

Departament d'Enginyeria Gràfica i de Disseny

Resumen

El presente trabajo de fin de grado consiste en un diagnóstico energético del municipio de Betanzos, ciudad histórica de la provincia de A Coruña y cabecera de la comarca de *As Mariñas*, ubicada en el centro del Golfo Ártabro, zona de mayor pujanza económica de la provincia. Se sigue la metodología de una Agenda 21, pretendiendo que este diagnóstico sirva para conocer la situación energética de Betanzos. Para ello, en primer lugar, se recopila información de la situación actual de Betanzos para analizarla. A continuación, se definen una serie de objetivos y líneas estratégicas, así como un plan de actuaciones concreto para alcanzar estos objetivos energéticos. Además, el diseño de unos indicadores permitirá realizar un seguimiento de la evolución de la situación. Dentro de este plan de actuaciones, la actuación de mejora principal se basa en el diseño de una planta fotovoltaica para abastecer los consumos energéticos de la Estación Depuradora de Aguas Residuales. La actuación se diseña con un grado de detalle correspondiente al de un proyecto básico incluyendo el análisis del consumo, la decisión de la potencia a instalar, las producciones esperadas y un análisis económico detallado. Otras actuaciones de mejora propuestas aportan información suficiente para que la administración de Betanzos reconozca su viabilidad e interés.

Abstract

This final degree project consists of an energy diagnosis of the municipality of Betanzos, a historic city in the province of A Coruña and the capital of the As Mariñas region, located in the centre of the Ártabro Gulf, the region with the highest economic growth in the province. The methodology of an Agenda 21 is followed, aiming for this diagnosis to serve as a tool to understand Betanzos' energy situation. First, information is gathered on the current state of

Betanzos to analyse it. Then, a series of objectives and strategic lines are defined, along with a concrete action plan to achieve these energy goals. Additionally, the design of indicators will enable monitoring of the situation's evolution. Within this action plan, the main improvement measure focuses on designing a photovoltaic plant to supply the energy needs of the Wastewater Treatment Plant. The design is detailed to the level of a basic project, including analysis of consumption, the decision on the power to be installed, expected production, and a detailed economic analysis. Other proposed improvements provide enough information for the Betanzos administration to recognize their viability and interest.

----

1. Introducción

Hoy en día, existe un consenso general sobre la necesidad de cambiar los hábitos de consumo, la gestión de residuos, el uso del agua, la generación energética, la eficiencia energética o la movilidad, entre otros. Para ello, es fundamental analizar la situación actual de cada territorio y, con objetivos claros, definir estrategias y acciones que impulsen la sostenibilidad del entorno.

Este trabajo aplica la metodología de la Agenda 21 Local (A21L) para diagnosticar y proponer mejoras en el municipio gallego de Betanzos. Aunque se evalúan aspectos ambientales, económicos y sociales, la especialización del autor lleva a un análisis más enfocado en la estructura energética de Betanzos, proponiendo acciones concretas, realistas y viables para su mejora. Para ello, el documento seguirá el esquema clásico metodológico del proceso de implementación de una A2L, recogido en la Figura 1.1.

Este trabajo busca ser un punto de partida para que la administración municipal de Betanzos reconozca su situación energética y promueva mejoras que sirvan de ejemplo para los sectores privado, empresarial y residencial. Además, pretende concienciar a la ciudadanía sobre el uso responsable de la energía y el reto del autoabastecimiento energético renovable. Al final, serán las pequeñas acciones de la ciudadanía las que contribuirán a la sostenibilidad de la sociedad.

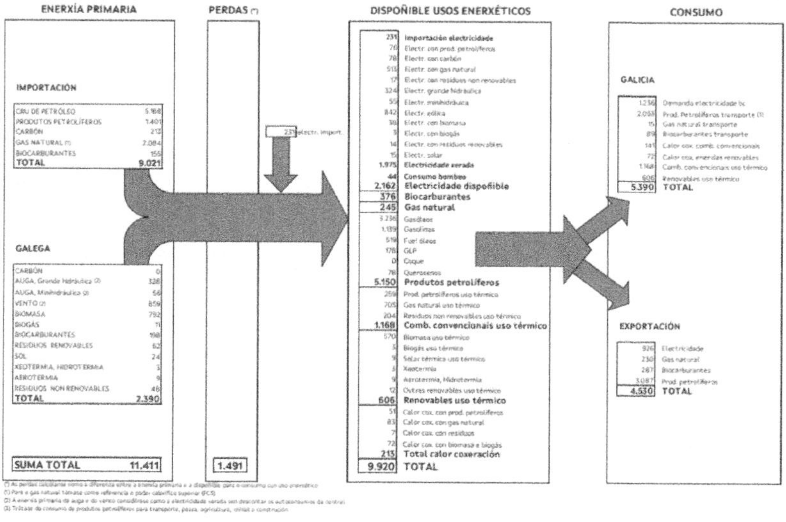

Figura 2.1. Diagrama de flujos energéticos de Galicia (2022). Fuente: INEGA.

Electricidade neta xerada nas centrais galegas (GWh)

	2016	2017	2018	2019	2020	2021	2022	2023 (*)
Térmoeléctricas	**10.158**	**12.606**	**11.177**	**5.996**	**3.629**	**4.224**	**6.027**	**4.454**
Térmica de carbón	9.483	10.834	10.344	2.517	1.405	504	908	672
Ciclo combinado	675	1.772	833	3.479	2.224	3.719	5.119	3.782
Coxeración	**2.852**	**2.878**	**2.650**	**2.573**	**2.297**	**2.154**	**1.765**	**1.165**
Coxeración con produtos petrolíferos	1.371	1.356	1.378	1.312	1.107	913	887	343
Coxeración con gas natural	1.432	1.475	1.234	1.247	1.171	1.238	846	822
Coxeración con residuos e enerxías residuais	49	47	38	13	19	3	32	0,2
Residuos non renovables	**165**	**175**	**173**	**159**	**159**	**161**	**158**	**155**
Renovables	**17.636**	**10.765**	**17.817**	**16.537**	**18.902**	**18.315**	**15.016**	**18.759**
Grande hidráulica	8.981	2.967	7.935	6.397	7.307	7.194	3.767	7.976
Minihidráulica	948	410	946	866	846	752	643	860
Eólica (terrestre e mariña)	7.284	6.928	8.454	8.800	10.065	9.558	9.788	9.086
Biomasa	197	219	229	225	421	502	447	464
Biogas	31	30	32	31	29	31	32	29
Residuos renovables	167	177	175	160	160	166	166	159
Solar fotovoltaica	27,9	35,0	46,7	57,6	73,2	112,4	171,9	185,1
TOTAL	**30.812**	**26.424**	**31.817**	**25.264**	**24.986**	**24.853**	**22.965**	**24.533**
Electricidade con fontes renovables	***17.636***	***10.765***	***17.817***	***16.537***	***18.902***	***18.315***	***15.016***	***18.759***
% electricidade renovable	***57,2%***	***40,7%***	***56,0%***	***65,5%***	***75,7%***	***73,7%***	***65,4%***	***76,5%***

Figura 2.2. Evolución de la generación de electricidad en centrales gallegas (2016-2022). Fuente: INEGA.

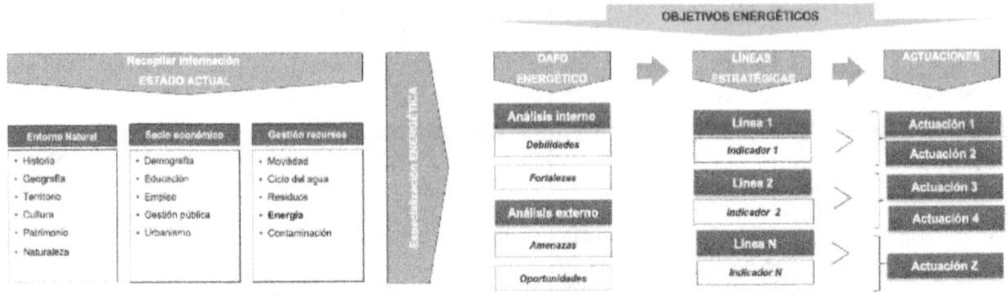

Figura 1.1. Esquema metodológico de la implementación de la Agenda 21 local en el municipio de Betanzos.

2. Diagnóstico de la estructura energética de Betanzos

Para alcanzar la neutralidad climática en 2050 y reducir drásticamente las emisiones de gases de efecto invernadero, es esencial incentivar la producción de energía renovable, electrificar el transporte y concienciar a la sociedad. Todo ello con el objetivo de disminuir el consumo energético y fomentar un uso más eficiente y responsable de la energía.

2.1 Balance energético de Galicia

Para ilustrar la situación general de Galicia, es muy interesante analizar el balance energético que el Instituto Enerxético de Galicia (INEGA) publica anualmente. La Figura 2.1 recoge el balance energético gallego en el año 2022, revisado en mayo de 2024.

En 2022, Galicia tuvo una energía primaria de 11.411 ktep, con un 79 % importado (combustibles fósiles y biocarburantes) y un 21 % de fuentes autóctonas renovables. Tras pérdidas en la conversión, quedaron 9.920 ktep de energía disponible.

El 52 % correspondió a productos petrolíferos, impulsados por la refinería de Repsol en A Coruña. La electricidad representó el 20 %, donde la eólica aportó el 42 %, el gas natural el 26 % y la hidráulica el 19 %; la fotovoltaica apenas llegó al 0,8 %.

En uso térmico, el 12 % fue de combustibles convencionales (60 % gas natural) y el 6 % de renovables, principalmente biomasa (94 %). Galicia consumió 54 % de la energía disponible, distribuyéndose en 38 % productos petrolíferos (transporte), 23 % electricidad, 22 % combustibles térmicos convencionales y 11 % renovables. El 46 % restante se exportó en productos petrolíferos, electricidad, gas natural y biocarburantes.

2.2 Generación energética gallega

Este apartado pretende dar una visión general de la generación energética existente en Galicia, específicamente la generación eléctrica. A continuación, se recoge la evolución de la generación eléctrica en las centrales gallegas entre los años 2016 y 2022:

2.3. Consumo y demanda energética

Para conocer los consumos energéticos del municipio de Betanzos, se contactó con el Ayuntamiento. La Administración se remite a las estimaciones realizadas siguiendo las pautas del Sistema Español de Inventario de Emisiones y que se incluyeron en el Pacto de las Alcaldías por el Clima y la Energía (PACES) para el año 2019 siguiendo las pautas del Sistema Español de Inventario de Emisiones.

Consumo anual 2019 (MWh)	Electricidad	GN	GLP	Gasóleo C	Gasóleo B	Gasolina	Biomasa	Solar térmica	TOTAL
Instalaciones Municipales	3.318			41					3.359
Edificación residencial	21.554	12.057	4.412	5.892			6.225	130	50.270
Transporte municipal					1.138				1.138
Transporte privado					38.647	7.925			46.572
Transporte público					3.069				3.069

Figura 2.3. Consumos energéticos municipales de Betanzos (2019). Fuente: PACES y Sistema Español de Inventario de Emisiones.

La Figura 2.3 no incluye los consumos industriales, ni los relacionados con agricultura, ganadería y pesca. Los datos de consumo relativos a edificios e instalaciones municipales se generaron a partir la contabilidad municipal. Para el sector residencial, se partió del Informe SECH – SPAHOUSEC desarrollado en el año 2009, extrapolándose los resultados de consumos unitarios de fuentes de energía de los domicilios al número de hogares en Betanzos en 2019. Los consumos del sector transporte salen de la contabilidad municipal para los consumos del parque móvil municipal y, para estimar los consumos del transporte privado y comercial, se calculó el volumen de combustible consumido en el municipio. Para ello, se extrapolaron los datos de la provincia de A Coruña y de la composición del parque automovilístico de Betanzos.

3. Planteamiento estratégico

Una vez realizado el diagnostico energético de Betanzos, se acomete el planteamiento estratégico. Para ello, en primer lugar, se deben definir unos grandes objetivos energéticos. Estos son: (OBJ-1) Incrementar el porcentaje de consumos energéticos provenientes de fuentes renovables y (OBJ-2) Mejorar la eficiencia en el uso de la energía.

3.1. Análisis DAFO

El análisis DAFO es una herramienta sencilla que resume el diagnóstico energético realizado anteriormente. En el DAFO, se presentarán las debilidades y fortalezas (análisis interno) de la situación energética de Betanzos y también el entorno con sus amenazas y oportunidades (análisis externo) que brinda.

A continuación, se presenta el DAFO del entorno energético de Betanzos.

Debilidades	Fortalezas
(D1) La dependencia energética se mantiene alta, en entornos del 65 %, debido a la importación de los combustibles convencionales: petróleo y GN. (D2) La generación eléctrica renovable es un 96 % procedente de hidráulica y eólica, mientras que la generación eléctrica fotovoltaica representa únicamente el 0,8 % en Galicia frente al 10,9 % de España. (D3) Los edificios y dependencias del Ayuntamiento de Betanzos consumen anualmente, sin generación renovable propia, 3.318 MWh de electricidad. (D4) Betanzos cubre los usos térmicos en edificios administrativos y otras dependencias deportivas o educativas solamente con combustibles convencionales. (D5) Existe muy poca información disponible acerca de la estructura energética de Betanzos.	(F1) Galicia es exportadora de energía, solamente consume el 54 % de la energía primaria de que dispone o es capaz de transformar. (F2) La clausura en los últimos 5 años de casi 2.000 MW termoeléctricos de carbón, siendo reemplazados por ciclos combinados de GN y generación eólica, manteniéndose la exportación. (F3) El 76,5 % de la generación eléctrica fue renovable en 2023. (F4) La proporción de producción eólica e hidráulica en Galicia es 20 unidades porcentuales mayor que en España.

Amenazas	Oportunidades
(A1) En años de baja pluviometría, la generación eléctrica hidráulica tiene que ser sustituida por generación termoeléctrica con GN. (A2) Las inversiones en proyectos eólicos se encuentran estancadas desde hace 8 años. (A3) La cobertura general de consumo de energía en Galicia mediante fuentes de energía renovables está estancada en los últimos 10 años entre el 30 y el 35 %. Los consumos estancados son en el transporte, en calefacción y en climatización. (A4) Algunas comunidades autónomas en 2024 están poniendo trabas a los proyectos de generación eléctrica fotovoltaica y eólica en su autorización ambiental así cómo imponiendo nuevos impuestos.	(O1) Las políticas energéticas europeas, estatales y autonómicas están orientadas fuertemente a la descarbonización, generación renovable, eficiencia energética y disminución de la dependencia energética. (O2) En las inmediaciones de Betanzos existen plantas de biocombustible (bioetanol y biodiesel) a pleno rendimiento desde hace años. (O3) INEGA tiene disponibles ayudas a inversiones en actuaciones de mejora energética destinadas a consumidores particulares y entidades públicas, alineadas con los objetivos descritos anteriormente.

Figura 3.1. DAFO Energético.

3.2. Líneas estratégicas

Partiendo de los objetivos energéticos y del análisis DAFO, se definen en la Tabla 3.1 las líneas estratégicas. Estas buscarán alcanzar los objetivos considerando la situación actual y el entorno en el que deben desarrollarse.

	Líneas estratégicas	Objetivo alineado
(L - 1)	Incrementar el porcentaje de generación eléctrica mediante fuentes renovables en edificios e instalaciones pertenecientes al Ayuntamiento	(OBJ- 1)
(L - 2)	Incrementar el porcentaje de calefacción y climatización mediante fuentes renovables en edificios e instalaciones pertenecientes al Ayuntamiento	(OBJ- 1)
(L - 3)	Incrementar el porcentaje de generación eléctrica mediante fuentes renovables en edificios residenciales.	(OBJ- 1)
(L - 4)	Incrementar el porcentaje de calefacción y climatización mediante fuentes renovables en edificios residenciales.	(OBJ- 1)
(L - 5)	Incrementar la eficiencia energética en el sector privado	(OBJ- 2)
(L - 6)	Promoción del transporte público	(OBJ- 2)
(L - 7)	Promover el interés de la población de Betanzos en los retos energéticos actuales	(OBJ- 1) (OBJ - 2)

Tabla 3.1. Líneas estratégicas para el entorno energético de Betanzos.

3.3. Actuaciones

La Tabla 3.2. recoge las actuaciones que se proponen, detallando la línea estratégica con la que se alinea cada una de ellas.

Actuaciones	Alineada con
(A - 1) Planta fotovoltaica de generación eléctrica para la EDAR Municipal.	(L - 1)
(A - 2) Caldera de biomasa para ACS y calentamiento del vaso de la piscina cubierta municipal.	(L - 2)
(A - 3) Mejora de la sostenibilidad en edificios residenciales a partir de generación renovable eléctrica y térmica.	(L - 3) (L - 4)
(AP) Creación de Oficina de ayuda a ciudadanos para la gestión de subvenciones de organismos autonómicos.	(L - 5) (L - 7)
(AR) Favorecer fiscalmente el uso de biocombustibles en los automóviles.	(L - 5)
(AX) Facilitar el transporte diario público a centros de trabajo (polígonos industriales), universidad y ciudad de A Coruña.	(L - 6)
(AY) Aula municipal de promoción de las energías renovables y la eficiencia energética en la parcela de la instalación fotovoltaica de la EDAR.	(L - 7)
(A100) Promoción por parte del Ayuntamiento de las subvenciones autonómicas para adquisición por los particulares de vehículos eléctricos enchufables.	(L - 5)
(A200) Promoción por parte del Ayuntamiento de las subvenciones autonómicas para Plan Renove de Electrodomésticos.	(L - 5)
(A300) Promoción del Ayuntamiento de las subvenciones autonómicas para Plan Renueva tu vehículo.	(L - 5)
(A400) Promoción del Ayuntamiento de las subvenciones autonómicas para Programa de ayuda a las actuaciones de mejora de la eficiencia energética en viviendas en el marco del Plan de Recuperación, Transformación y Resiliencia.	(L - 5)

Tabla 3.2. Actuaciones propuestas para el municipio de Betanzos.

4. Instalación fotovoltaica de generación eléctrica para la EDAR municipal

Las conclusiones extraídas a partir del análisis DAFO han permitido definir unas líneas estratégicas donde la generación fotovoltaica tiene una gran importancia. Por este motivo, la actuación de mejora principal será la proyección de una instalación solar fotovoltaica en el EDAR Municipal de Betanzos.

4.1 Ubicación

Actualmente, existe un terreno disponible al lado de la propia EDAR, tal y como se muestra en la Figura 4.1.

Figura 4.1. Parcela disponible. Fuente: Google Earth.

4.2 Demanda eléctrica de la EDAR

La demanda eléctrica de la EDAR fue modelada para un día tipo de verano y otro de invierno. A continuación, se muestra el consumo horario de la EDAR en un día tipo de verano.

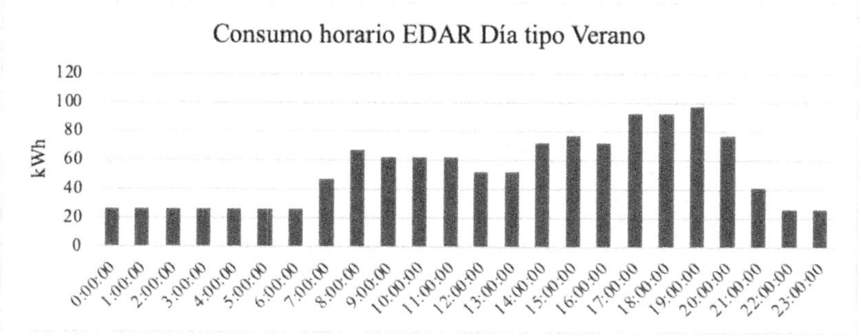

Gráfica 4.1. Consumo horario para un día tipo de verano en la EDAR de Betanzos. Fuente: VIAQUA.

4.3 Generación eléctrica de la instalación

A la hora de modelizar la instalación para obtener los perfiles de generación de esta, el software fotovoltaico empleado fue el PVSyst en su versión 7.4.8. A partir de la herramienta de simulación que integra, se obtienen los perfiles de generación para un día tipo de verano e invierno. A continuación, se muestra el perfil de generación para un día tipo de verano.

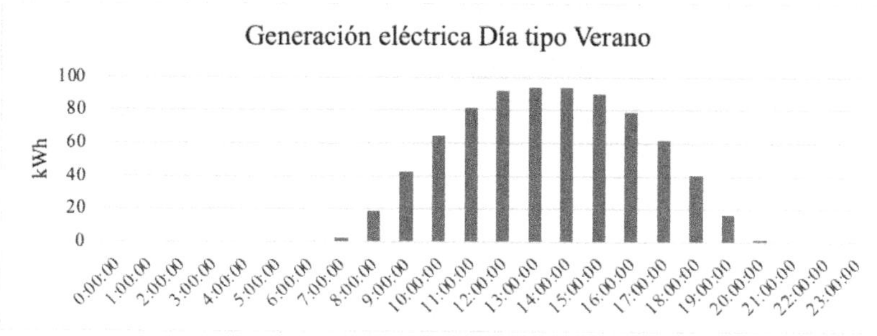

Gráfica 4.2. Producción fotovoltaica para un día tipo de verano. Fuente: PVSyst.

4.4. Balance energético

A partir de la superposición de la generación y la demanda para un día tipo de verano, se obtiene el balance energético de la instalación, tal y como se recoge a continuación.

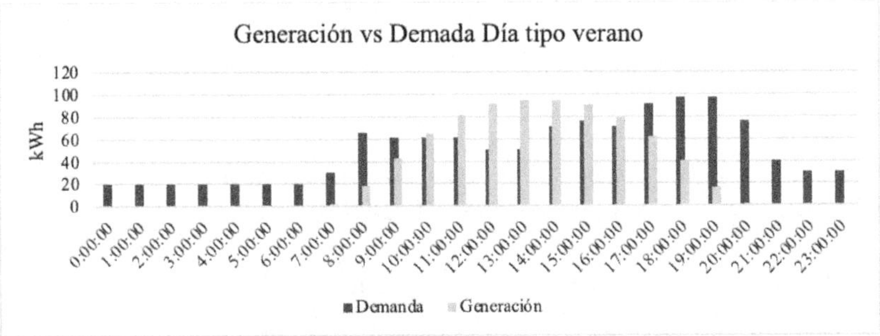

Gráfica 4.3. Generación vs Demanda para día tipo de verano. Fuente: VIAQUA y PVSyst.

Demanda (kWh)	1.207,95
Generación (kWh)	780,53
Autoconsumo (kWh)	629,12
% Autoconsumo	39%
Excedentes (kWh)	151,4
% Excedentes	24%
Compra a red (kWh)	578,83

Tabla 4.1. Balance energético de la instalación para un día tipo de verano.

4.5 Balance económico

A continuación, se recoge el presupuesto de la inversión.

RESUMEN PRESUPUESTO		
Nº	**CAPÍTULOS**	**TOTAL €**
1	CAPÍTULO 1: PREPARACIÓN DEL TERRENO	27.517,00 €
2	CAPÍTULO 2: CAMPO FOTOVOLTAICO	35.897,94 €
3	CAPÍTULO 3: SISTEMA ELÉCTRICO Y DE CONEXIÓN DC	8.851,55 €
4	CAPÍTULO 4: SISTEMA ELÉCTRICO Y DE CONEXIÓN AC	8.150,00 €
5	CAPÍTULO 5: CONTROL Y MONITORIZACIÓN	9.882,22 €
6	CAPÍTULO 6: INGENIERÍA Y PUESTA EN MARCHA	7.700,00 €
	PRESUPUESTO SIN IVA	97.998,71 €
	IVA (21 %)	20.579,73 €
	PRESUPUESTO CON IVA	118.578,44 €

Tabla 4.2. Resumen del presupuesto.

Finalmente, se recoge el ahorro anual en la compra de electricidad que supondría la puesta en marcha de la instalación.

	Verano	**Invierno**	**Anual**	**Ahorro**
Coste de la energía (Con FV)	9.064,40 €	33.850,33 €	42.914,73 €	20.531,15 €
Coste de la energía (Sin FV)	25.736,70 €	37.709,18 €	63.445,88 €	

Tabla 4.3. Ahorro anual en la compra de electricidad por parte de la EDAR.

4.6. Balance ambiental

A partir del factor de emisiones proporcionado por el Ministerio para la Transición Ecológica y el Reto Demográfico en España y la energía autoconsumida evaluada en el balance energético se obtiene que en los meses de verano se evitarían 408,3 kg de CO_2 por día.

5. Conclusiones

A partir de las tarifas empleadas en el estudio, la EDAR tendría un ahorro anual de 20.531,15 € que, comparado con la inversión inicial de 118.574,44 €, resulta en un período de amortización de 5,78 años. Este periodo podrá ser incluso menor si se acoge a las ayudas públicas disponibles para las plantas de generación renovables promovidas por la administración local. En cuanto a ahorro de emisiones, la instalación fotovoltaica evitaría unos 90.000 kg de CO_2 al año.

Las actuaciones de mejora propuestas son la principal conclusión del diagnóstico energético de Betanzos, ya que se basan en una realidad identificada durante el estudio y fueron diseñadas con realismo, demostrando su viabilidad tecnológica y económica. Destaca la actuación (A-1), que consistió en el diseño de una planta solar de apoyo a la EDAR municipal. Se plantea presentarla al Ayuntamiento de Betanzos, mostrando su fácil ejecución y los beneficios que aportará al municipio.

Referencias

1. *balance_enerxetico_Galicia_2022_0.pdf.* Accedido: 16 de agosto de 2024. [En línea]. Disponible en: https://www.inega.gal/sites/default/files/publicacions/balance_enerxetico_Galicia_2022_0.pdf

2. *evolucion_xeracion_electricidade.pdf.* Accedido: 1 de septiembre de 2024. [En línea]. Disponible en: https://www.inega.gal/sites/default/files/publicacions/evolucion_xeracion_electricidade.pdf

3. *Sistema Español de Inventario de Emisiones.* Ministerio para la Transición Ecológica y el Reto Demográfico. Accedido: 17 de agosto de 2024. [En línea]. Disponible en: https://www.miteco.gob.es/es/calidad-y-evaluacion-ambiental/temas/sistema-espanol-de-inventario-sei-.html

4. *Estudios del consumo de los hogares españoles* (Serie SPAHOUSEC) | Idae. Accedido: 17 de agosto de 2024. [En línea]. Disponible en: https://www.idae.es/informacion-y-publicaciones/estudios-informes-y-estadisticas/estudios-del-consumo-de-los-hogares-espanoles-serie-spahousec

5. *IGE - Selector 478: Consumo de gasolinas, gasóleos e fuelóleos.* Accedido: 17 de agosto de 2024. [En línea]. Disponible en: https://www.ige.gal/igebdt/selector.jsp?COD=478&paxina=001&c=0303

6. *Inicio - Viaqua.* Accedido: 11 de septiembre de 2024. [En línea]. Disponible en: https://www.viaqua.gal/gl/

7. *PVsyst – Photovoltaic software.* Accedido: 11 de septiembre de 2024. [En línea]. Disponible en: https://www.pvsyst.com/

8. *Tarifa 3.0 td - ¿qué es y para quién? | Naturgy.* Accedido: 5 de septiembre de 2024. [En línea]. Disponible en: https://www.naturgy.es/blog/hogar/tarifa_30_td_que_es_y_para_quien

9. *La nueva factura de la luz | CNMC.* Accedido: 5 de septiembre de 2024. [En línea]. Disponible en: https://www.cnmc.es/la-nueva-factura-de-la-luz

Potencialitats hidroelèctriques i fotovoltaiques dels embassaments de Vall-Llossera (Montseny)

Júlia Trias Codina

Escola d'Enginyeria de Barcelona Est

Oscar Farrerons Vidal

Escola d'Enginyeria de Barcelona Est

Departament d'Enginyeria Gràfica i de Disseny

Resum

El present document es focalitza en l'estudi de les potencialitats hidroelèctriques i fotovoltaiques dels embassaments de Vall-Llossera, ubicats a Seva, a la comarca d'Osona. Davant d'aquest recurs natural, que actualment només s'utilitza per al subministrament d'aigua de boca, s'ha fet una anàlisi per determinar la quantitat d'energia que podrien generar, explorant, d'aquesta manera, la seva capacitat de producció d'energia renovable mitjançant un sistema híbrid format per una central minihidroelèctrica i una planta fotovoltaica flotant amb una potència instal·lada total entre 856,06 i 1.050,39 kWp. Per tant, s'ha dut a terme un estudi exhaustiu dels cabals dels embassaments segons la seva època de l'any per determinar el cabal de disseny de la central minihidroelèctrica i, a partir d'aquí, s'ha seleccionat els elements que la constitueixen de forma òptima. Pel que fa a la instal·lació d'energia fotovoltaica, s'han realitzat un seguit de simulacions per saber quina era la disposició que generava més energia de totes. En últim lloc, s'ha efectuat l'estudi mediambiental i el de viabilitat econòmica, i s'han elaborat els plànols que representen la distribució dels elements de la instal·lació híbrida.

Abstract

The main purpose of this project is to study the hydroelectric and photovoltaic potential of the Vall-Llossera reservoirs, located in Seva within the *Osona* region. This natural resource is currently, only used for drinking water supply. To determine the amount of energy generated by the water bodies, its capacity for renewable energy production has been explored through the implementation of an hybrid system consisting of a mini hydroelectric power plant and a floating photovoltaic plant with a total of installed power between 856,06 and 1.050,39 kWp. Therefore, it has been necessary to do an exhaustive analysis of the reservoirs flowing, according to their time of the year, to identify the design flow of the mini hydroelectric power plant. From there, the elements that constitute it have been selected optimally. Regarding the photovoltaic installation, a series of simulations have been executed to know which layout generated the most energy of all. Finally, environmental and economic viability studies have been carried out. In addition, blueprints representing the distribution of the elements of the hybrid installation have been also drawn.

----

1. Introducció

Aquest document té com a objectiu determinar la quantitat d'energia que es pot generar a partir dels embassaments de Vall-Llossera, situats al municipi de Seva, Osona, mitjançant un sistema híbrid hidroelèctric-fotovoltaic. S'ha dissenyat una central mini hidroelèctrica i una planta fotovoltaica flotant per maximitzar la generació d'energia, amb la finalitat de comprovar si és suficient per alimentar a la població d'Hostalets de Balenyà. El treball se centra en optimitzar l'energia generada pel caudal d'aigua que entra a la turbina i el salt útil, així com la orientació òptima dels panells solars per la planta fotovoltaica. També s'inclouen estudis de dimensionament dels components de la central i simulacions per determinar la potència instal·lada, a més d'una anàlisi de l'impacte ambiental i un estudi econòmic. Els requisits previs per realitzar el projecte inclouen coneixements d'energia hidroelèctrica, fotovoltaica, distribució de fluids energètics, mecànica de fluids i la capacitat de realitzar plànols i estudis econòmics.

2. Contextualització històrica i situació dels embassaments

Marià Vall-Llossera va iniciar el 1914 la cessió d'aigua potable a la població d'Hostalets de Balenyà des del brollador de Xargais, amb el compromís de cedir mil litres diaris. Posteriorment, al novembre de 1914, es va augmentar a 2.000 litres diaris per l'abastament de fonts públiques. Durant la dècada de 1930, degut al creixement demogràfic i la insuficiència d'aigua, es va construir nous pous i embassaments, com el pantà Petit, el Mitjà i el Gran, entre 1949 i 1958, amb una capacitat total de 200.000 Tot i així, la població d'Hostalets i Centelles va experimentar un ràpid creixement, la qual cosa va portar a prendre aigua del riu Ter durant períodes de sequera. Anys més tard, l'aigua es va bombejar fins a les torres de la urbanització el Montanyà, a Seva.

Els embassaments de Vall-Llossera estan situats a la població de Seva, molt propera de la d'Hostalets de Balenyà.

Figura 1. Ruta dels pantans de Vall-Llossera, propers a la població d'Hostalets de Balenyà.
Font: https://es.wikiloc.com/rutas-senderismo/ruta-dels-pantans-de-Vall-Llossera-119861419

3. Tecnologies d'energia renovable en embassaments

La integració de tecnologies renovables en embassaments combina dos sistemes complementaris:

Centrals minihidroelèctriques: utilitzen el cabal dels embassaments per generar electricitat amb turbines eficients. Aquest tipus de tecnologia proporciona un flux energètic constant, adaptant-se a les variacions estacionals.

Plantes fotovoltaiques flotants: s'instal·len sobre la superfície dels embassaments, aprofitant la irradiància solar que hi incideix per generar energia solar. Com a aspectes favorables, redueixen l'evaporació.

En aquest treball, s'ha volgut combinar aquestes dues tecnologies per poder maximitzar la generació d'energia renovable als embassaments estudiats.

4. Central minihidroelèctrica de Vall-Llossera

D'entrada, s'ha assumit que la central minihidroelèctrica opera durant 8 h al dia, els 365 dies de l'any, i s'ha calculat el cabal de disseny, incloent-hi pèrdues per escorriment, així com el salt net, tenint en compte l'efecte de les pèrdues de càrrega tant dels accessoris com de la fricció a la canonada.

Cabal embassament gran sense considerar pèrdues per absorció al terreny [m3/s]	0,0114
Cabal embassament petit sense considerar pèrdues per absorció al terreny [m3/s]	0,0148
Cabal de disseny total sense considerar pèrdues per absorció al terreny [m3/s]	0,0261
Cabal embassament gran considerant pèrdues per absorció al terreny [m3/s]	0,0063
Cabal embassament petit considerant pèrdues per absorció al terreny [m3/s]	0,0081
Cabal de disseny total considerant pèrdues per absorció al terreny [m3/s]	0,0145

Taula 1. Resum dels cabals nets i bruts de disseny calculats.

Potència embassament petit [kW]	3,071
Potència embassament gran [kW]	2,808
Potència TOTAL [kW]	5,879

Taula 2. Potència instal·lada de la central mini hidroelèctrica.

En aquest cas, la potència instal·lada ha resultat ser tan petita, de 5,879 kW, que s'ha decidit no injectar l'energia generada a la xarxa. Per tant, s'ha buscat una aplicació alternativa per optimitzar el disseny de la central hidroelèctrica en funció de la demanda energètica d'aquest nou ús: alimentar equips de reg dissenyats per irrigar 20 hectàrees amb plantacions d'ordi i sorgo. Amb aquest escenari, s'ha determinat que la central minihidroelèctrica opera durant 8 h al dia, 24 dies de l'any, amb una potència instal·lada de 472,757 kW, molt superior a la inicialment calculada. Per altra banda, estimant la quantitat d'aigua del Pantà de Dalt que no s'utilitza per al subministrament d'aigua potable, s'ha calculat la potència instal·lada addicional que es podria tenir gràcies a la seva captació, essent de 255,168 kW més.

Cabal embassament gran sense considerar pèrdues per absorció al terreny [m3/s]	0,516
Cabal embassament petit sense considerar pèrdues per absorció al terreny [m3/s]	0,659
Cabal de disseny total sense considerar pèrdues per absorció al terreny [m3/s]	1,176
Cabal embassament gran considerant pèrdues per absorció al terreny [m3/s]	0,511
Cabal embassament petit considerant pèrdues per absorció al terreny [m3/s]	0,652
Cabal de disseny total considerant pèrdues per absorció al terreny [m3/s]	1,164

Taula 3. Resum dels cabals calculats.

Potència embassament petit [kW]	246,273
Potència embassament gran [kW]	226,484
Potència TOTAL [kW]	472,757

Taula 4. Potència instal·lada de la central mini hidroelèctrica.

A partir dels resultats anteriors, s'ha seleccionat una turbina de flux creuat de la marca *Ossberger*, un generador asíncron amb potència nominal de 580 kW i un multiplicador de velocitats del fabricant WEG. Finalment, s'ha justificat quins elements han de formar part de l'obra civil de la central minihidroelèctrica i s'ha fet menció als equips de regulació, control i protecció de la instal·lació.

5. Estudi del sistma fotovoltaic flotant

S'ha realitzat diverses simulacions amb el programari *PVSol*, per concretar la disposició dels mòduls fotovoltaics que generés més energia en comparació amb altres configuracions a l'embassament gran de Vall-Llossera. Cadascuna d'aquestes simulacions s'ha efectuat en tres escenaris diferents: embassament mig ple, ple i buit, ja que la quantitat d'ombra projectada per la presa sobre els panells solars varia segons la condició. Finalment, s'ha escollit una orientació Nord-Sud per als mòduls fotovoltaics flotants, resultant en una potència instal·lada de 496 kWp amb 992 panells de 500 Wp cadascun i 8 inversors de la marca *Schneider Electric.*

Figura 2. Disseny del sistema de plaques fotovoltaiques flotants verticals amb orientació Nord-Sud, amb l'embassament mig ple.

EMBASSAMENT MIG PLE

		PR [%]	η [kWh/kWp]	P [kWp]	nº panells
EST-OEST		90,1	1384,3	506	1012
NORD-SUD		90,8	1391,63	496	992
SUD	Verticals	88,8	1529,79	465,4	931
SUD	Horitzontals	89,4	1539,58	351	702
SUD	Verticals, tenint com a referència el sud	88,3	1532,26	405,5	811

EMBASSAMENT PLE

	PR [%]	η [kWh/kWp]	P [kWp]	nº panells
EST-OEST	91	1398,02	506	1012
NORD-SUD	91,2	1399,44	496	992

EMBASSAMENT BUIT

	PR [%]	η [kWh/kWp]	P [kWp]	nº panells
EST-OEST	89	1365,22	456	912
NORD-SUD	89,6	1372,51	496	992

Taula 5. Resum de les potències instal·lades, el nombre de panells i el rendiment segons les tres orientacions plantejades, amb l'embassament mig ple.

En aquest cas, s'ha decidit injectar l'energia generada a la xarxa elèctrica. Per elevar la tensió provinent de la instal·lació fotovoltaica flotant fins al nivell de la xarxa de mitja tensió, s'ha escollit un transformador en oli de 35 kV, del fabricant *Jiangsu Yawei Transformer Co.,Ltd.* Pel que fa a elements estructurals, s'ha seleccionat una plataforma flotant pura de polietilè d'alta densitat del fabricant *Seablock* i s'ha optat per instal·lar un sistema d'ancoratge de fons. Finalment, s'ha mencionat els equips necessaris pel monitoratge, control i seguretat del sistema fotovoltaic flotant.

6. Potència i energia instal·lada total

La potència elèctrica instal·lada total del sistema es recull a la Taula.6.

Com es pot apreciar, la potència instal·lada pot variar entre 856,06 kW i 1.050,39 kW, tot depenent de si la central hidroelèctrica utilitza o no part de l'aigua procedent de l'Embassament de Dalt, és a dir, el mitjà del conjunt de tres. L'energia anual total generada pel sistema es recull a la Taula 7.

Potència instal·lada del sistema híbrid hidroelèctric-fotovoltaic	
Central hidroelèctrica operativa 8h durant 24 dies anuals [kW]	360,05
Central hidroelèctrica operativa 8h durant 24 dies anuals + el Pantà de Dalt [kW]	554,39
Planta fotovoltaica flotant [kWp]	496,00
TOTAL 1)	856,05
TOTAL 2)	1.050,39

Taula 6. Resum de les potències instal·lades del sistema híbrid hidroelèctric-fotovoltaic.

Energia anual generada a partir del sistema híbrid hidroelèctric-fotovoltaic		
Central hidroelèctrica operativa 8h durant 24 dies anuals [kWh]		69.129,93
Central hidroelèctrica operativa 8h durant 24 dies anuals + el Pantà de Dalt [kWh]		106.442,43
Planta fotovoltaica flotant [kWh]	Embassament buit [kWh]	680.835,00
	Embassament mig ple [kWh]	690.318,00
	Embassament ple [kWh]	694.189,00
	Mitjana dels tres casos [kWh]	688.447,33
TOTAL 1)		757.577,27
TOTAL 2)		794.889,77

Taula 7. Resum de l'energia anual generada a partir del sistema híbrid hidroelèctric-fotovoltaic.

Pel que fa a l'energia elèctrica generada., aquesta pot variar entre 757.577 kWh i 794.889 kWh. En el primer escenari, la central hidroelèctrica utilitza part de l'aigua procedent de l'Embassament de Dalt, mentre que en el segon escenari no. No obstant això, per calcular l'energia total generada pel sistema híbrid, en ambdós escenaris, es considera la mitjana de l'energia generada per la planta fotovoltaica flotant, tenint en compte les condicions de l'embassament quan està buit, mig ple i ple. S'ha de tenir en compte que l'energia generada per la central hidroelèctrica serveix per alimentar el sistema de bombeig de reg d'ordi i sorgo, en canvi, la generada per la planta fotovoltaica flotant s'injecta a la xarxa elèctrica amb l'objectiu d'obtenir beneficis econòmics.

7. Impacte ambiental

L'energia renovable generada pel sistema híbrid hidroelèctric-fotovoltaic, després dels seus anys d'operació, representa un estalvi d'entre 7.386 i 9.494 tones de CO_2 equivalent. Gairebé el 90 % d'aquest estalvi és atribuïble a la planta fotovoltaica flotant, ja que genera més energia que la central minihidroelèctrica i està operativa durant tot l'any. Per altra banda, les obres civils i les excavacions requerides per a la instal·lació de la central minihidroelèctrica suposen un impacte ambiental més gran que les de la planta fotovoltaica flotant.

	Generació anual [kWh]	Factor d'emissió [g/kWh]	Factor d'emissió [T/kWh]	Emissions [T CO2 eq]
Hidroelèctrica operativa 8 h x 24 dies/any	69.129,93	260,00	0,00026	17,97
Hidroelèctrica operativa 8 h x 24 dies/any + Pantà de Dalt	106.442,43	260,00	0,00026	27,68

Taula 8. Resum d'emissions estalviades gràcies a la central minihidroelèctrica.

8. Anàlisi econòmica

S'ha calculat que la inversió inicial per al sistema híbrid hidroelèctric-fotovoltaic és d'1.770.281 €. Concloent l'anàlisi econòmica, es pot afirmar que ni el sistema híbrid hidroelèctric-fotovoltaic ni la central minihidroelèctrica, treballant de forma independent en aquest últim cas, no són econòmicament viables, ja que els beneficis anuals de la venda dels cultius són molt baixos en comparació amb els costos. No obstant això, la planta fotovoltaica flotant, operant sense la central minihidroelèctrica, demostra ser rendible econòmicament, pel fet que genera beneficis anuals substancials.

Com que la rendibilitat econòmica del sistema híbrid hidroelèctric-fotovoltaic no era l'objectiu principal del projecte, es pot assegurar que s'han assolit els propòsits inicials del treball, que consistien en maximitzar la generació d'energia a partir dels embassaments de Vall-Llossera.

	PR [anys]	VAN [€]	TIR [%]
20 anys d'operació de la planta fotovoltaica			
Sistema híbrid hidroelèctric-fotovoltaic	155,56	-195.839,48	-0,70
Central minihidroelèctrica aïllada de la xarxa	732,38	-828.674,73	-7,81
Planta fotovoltaica flotant connectada a la xarxa	10,76	632.835,35	6,51
25 anys d'operació de la planta fotovoltaica			
Sistema híbrid hidroelèctric-fotovoltaic	22,05	212.396,78	1,29
Planta fotovoltaica flotant connectada a la xarxa	10,76	1.041.071,51	7,76

Taula 9. Resum del període de retorn (PR), VAN i TIR de cada estudi de viabilitat econòmica realitzat.

9. Conclusions

El projecte ha demostrat el potencial dels embassaments de Vall-Llossera per generar energia renovable mitjançant un sistema híbrid compost per una central minihidroelèctrica i una planta fotovoltaica flotant. La potència instal·lada total varia entre 856 kWp i 1.050 kWp, amb una producció anual d'energia de fins a 794.889 kWh. La central minihidroelèctrica, tot i tenir una potència petita, ha demostrat ser útil per a un sistema de reg agrícola. D'altra banda, la planta fotovoltaica flotant resulta ser rendible econòmicament, amb un impacte positiu en la generació d'energia i reducció d'emissions de CO_2. Tot i que el Sistema híbrid no és viable econòmicament, en conjunt, la planta fotovoltaica flotant és una opció viable i rendible. El projecte aconsegueix l'objectiu de maximitzar l'energia renovable a partir dels recursos naturals dels embassaments, amb beneficis ambientals i sostenibilitat a llarg termini.

Referències

PVSol. (2023). *Simulacions de disseny de sistemes fotovoltaics flotants.*

Reial Decret 24/2013. (2013). *Marc legal per a les energies renovables a Espanya.*

Trias Codina, J., & Farrerons Vidal, O. (director). (2024). *Autonomia energètica a la Reserva de la Biosfera Parc Natural del Montseny: els embassaments de Vall-llossera.* http://hdl.handle.net/2117/420374

UNE-EN ISO/IEC 17020:2012. (2012). *Avaluació ambiental d'embassaments.*

Influencia del diseño del calzado y de las superficies de carrera en la prevención de lesiones en el running

María Tricio Amelivia

Escola S. d'Enginyeries Industrial, Aeroespacial i Audiovisual de Terrassa

Mireia Puig-Poch

Escola S. d'Enginyeries Industrial, Aeroespacial i Audiovisual de Terrassa

Departament d'Enginyeria Gràfica i de Disseny

Resumen

El running es una actividad con múltiples beneficios, pero presenta un alto riesgo de lesiones. Esta monografía analiza cómo el diseño de las zapatillas de running y las características del terreno influyen en la prevención de lesiones. A través de una revisión de literatura científica reciente, se exploran las propiedades del calzado y la interacción entre las superficies y la biomecánica del corredor. Los resultados muestran que el diseño del calzado, como la amortiguación y la estructura, ayuda a redistribuir las fuerzas durante la carrera, reduciendo el riesgo de lesiones por sobrecarga. Las superficies duras, como el asfalto, generan mayores riesgos biomecánicos que las blandas, como la hierba, aunque estas últimas también presentan inconvenientes. Se concluye que una estrategia preventiva debe incluir una correcta selección del calzado y adaptación al terreno, junto con metodologías de entrenamiento diversificadas. La investigación destaca la necesidad de estudios adicionales sobre la relación entre el calzado y el terreno para optimizar el diseño de zapatillas y mejorar la seguridad en el running.

Abstract

Running offers many benefits but carries a high risk of injuries. This monograph examines how running shoe design and terrain characteristics affect injury prevention. A review of recent scientific literature explores footwear properties and the interaction between surfaces and runner biomechanics. Results show that shoe design, such as cushioning and structure, redistributes forces during running, reducing overuse injuries. Hard surfaces like asphalt pose greater biomechanical risks than softer ones like grass, which also present drawbacks. An effective prevention strategy requires proper footwear selection and adaptation to terrain, combined with diversified training methods. Further research is needed to optimize shoe design and enhance safety in running practices.

----

1. Introducción

El running es una actividad física ampliamente practicada a nivel global debido a sus numerosos beneficios físicos y psicológicos. Sin embargo, esta práctica no está libre de riesgos, siendo las lesiones uno de los principales desafíos para los corredores. La relación entre el calzado utilizado y la incidencia de lesiones ha suscitado un interés creciente entre investigadores y profesionales de la salud deportiva (Zaar et al., 2017).

Esta monografía tiene como objetivo analizar la influencia de las zapatillas de running en la aparición de lesiones relacionadas con la carrera, considerando tanto los avances tecnológicos del calzado como las características específicas del terreno. Para ello, se examinan aspectos como las características del calzado deportivo que afectan el riesgo de lesiones en corredores y la manera en que las superficies de carrera influyen en las necesidades específicas de las zapatillas.

A lo largo del documento se explorará cómo la interacción entre el calzado y el entorno puede impactar la biomecánica del corredor y su salud musculoesquelética.

2. Metodología

Para llevar a cabo esta monografía, se realizó una búsqueda de literatura científica utilizando la base de datos *Scopus*. La búsqueda se restringió a publicaciones comprendidas entre 2015 y 2024, garantizando así la actualidad de los estudios seleccionados. Los términos de búsqueda se definieron en inglés, utilizando palabras clave como *running shoes*, *injuries*, *soles* y *biomechanics*, dado el carácter técnico y global del tema.

Inicialmente se recopilaron diecinueve artículos, que fueron evaluados mediante la lectura de los resúmenes (abstracts) para determinar su pertinencia. Durante este proceso, se descartaron un total de once, aquellos estudios que presentaban información repetida, que no ofrecían acceso al texto completo o que no abordaban específicamente la relación entre el uso de zapatillas de running y la aparición de lesiones. Este enfoque permitió refinar la selección y centrarse únicamente en aquellos trabajos que aportaban datos relevantes para los objetivos de la monografía.

La metodología aplicada permite realizar una revisión fundamentada, que ofrece una base preliminar para el análisis y discusión de los resultados. Este enfoque busca identificar de manera exploratoria los factores clave relacionados con el diseño de las zapatillas y su posible impacto en la prevención de lesiones, destacando retos de diseño y áreas que requieren mayor investigación.

3. Evolución tecnológica de las zapatillas de running

El running recreativo, tal como se conoce en la actualidad, experimentó un notable incremento en popularidad en la década de 1970. En ese entonces, el diseño de las zapatillas de correr se enfocaba principalmente en la ligereza y en ofrecer una protección básica frente al frío, la humedad y las irregularidades del terreno. (Willwacher, 2018). Este enfoque inicial reflejaba la simplicidad de las demandas de los corredores de la época (Theisen et al., 2016).

A finales de esa década, el diseño del calzado deportivo cambió radicalmente con la incorporación de sistemas de amortiguación de impactos. Este avance marcó el inicio de la era del calzado técnico, caracterizada por la integración de tecnologías orientadas a mejorar tanto la comodidad como el rendimiento de los corredores.

(Willwacher, 2018). Sin embargo, esta tendencia hacia zapatillas altamente tecnológicas no estuvo exenta de críticas.

En 2009, Christopher McDougall publicó el libro *Born to Run* (Nacidos para correr), donde narró su experiencia con la tribu tarahumara de México. Esta comunidad indígena es conocida por recorrer largas distancias sin sufrir lesiones, utilizando calzado simple o corriendo descalzos. McDougall argumentó que las zapatillas modernas fomentan un estilo de carrera "antinatural", lo que podría aumentar el riesgo de lesiones por sobreuso en corredores aficionados (Willwacher, 2018).

La evolución de las zapatillas de running se centró inicialmente en la mejora de la protección y confort del corredor, pero en 2016, Nike introdujo la tecnología avanzada de calzado (AFT), un cambio revolucionario. AFT incluye una suela gruesa, una placa rígida curvada debajo de la entresuela y una forma cóncava en la suela, mejorando la eficiencia y el rendimiento en carreras de larga distancia. Entre 2016 y 2019, numerosos récords mundiales y personales fueron quebrados, gracias a la mejora en la economía de carrera y la reducción de la fatiga muscular que AFT facilita. (BERMON, 2021)

A pesar de estas críticas, la industria del calzado deportivo ha continuado desarrollando tecnologías cada vez más sofisticadas. En la actualidad, las zapatillas de running están diseñadas para satisfacer necesidades específicas, como la prevención de lesiones por sobrecarga o la optimización de la economía de la carrera, consolidando así la tecnología como un factor diferenciador en el mercado deportivo (Theisen et al., 2016).

4. Factores de riesgo y lesiones en corredores

El running se ha consolidado en las últimas décadas como una de las actividades físicas más populares, debido a sus múltiples beneficios, como la mejora de la salud física y mental, el control del peso, la reducción del estrés, el fomento de las relaciones sociales y una mayor longevidad. Sin embargo, el running no está exento de riesgos, siendo las lesiones uno de los problemas más frecuentes entre los corredores (Zaar et al., 2017).

4.1. Incidencia y factores de riesgo

La incidencia de lesiones relacionadas con la carrera ha aumentado progresivamente a lo largo de las décadas. Mientras que en los años 80 se estimaba que el 60 % de los corredores experimentaban algún tipo de lesión, en los años 90 esta cifra ascendió al 70 %, y en la actualidad se calcula que alrededor del 92 % de los corredores regulares pueden sufrir alguna lesión durante un año. (Zaar et al., 2017). Este aumento podría estar relacionado con la creciente popularidad del running, el incremento en la intensidad y frecuencia de los entrenamientos, así como con la falta de una adecuada adaptación progresiva a las exigencias físicas del deporte. Entre los factores de riesgo identificados, uno de los más relevantes es haber sufrido una lesión en los últimos 12 meses, lo que incrementa significativamente la probabilidad de recaídas (Willwacher, 2018).

Para ser considerado "corredor", Zaar et al. (2017) establece como referencia una distancia mínima de 3 kilómetros por sesión, practicada al menos tres veces por semana durante un año. Por otro lado, una "lesión" relacionada con la carrera se define como aquella que limita la velocidad, distancia, duración o frecuencia del entrenamiento durante al menos una semana.

Las lesiones relacionadas con el running son el resultado de la interacción de factores intrínsecos, como las características físicas y biomecánicas del corredor, y factores extrínsecos, como los errores en la metodología del entrenamiento, el tipo de calzado y las condiciones del terreno. Modificar o ajustar estos elementos puede ser clave para prevenir lesiones y mejorar la experiencia del corredor (Zaar et al., 2017).

4.2. Tipología de lesiones

La mayoría de las lesiones en corredores se clasifican como lesiones por sobreuso, es decir, aquellas causadas por esfuerzos repetitivos que exceden la capacidad estructural de los tejidos musculoesqueléticos. Estas lesiones son particularmente frecuentes cuando el kilometraje semanal supera los 40 kilómetros acumulados (Zaar et al., 2017). Según estudios recientes, las áreas más afectadas incluyen (Willwacher, 2018):

- Rodilla: Representa el 42 % de las lesiones, destacando el síndrome de dolor femororrotuliano.
- Pie y tobillo: Fascitis plantar, tendinitis de Aquiles y esguinces.
- Piernas: Síndrome de estrés tibial medial y síndrome de la banda iliotibial.

En el caso del tendón de Aquiles, esta es una zona común de lesiones en corredores, con una tasa de incidencia del 14,5 % (Sinclair et al., 2015) y el calzado minimalista, que tiene poca amortiguación y soporte, se asocia con mayores cargas en este tendón, lo que podría aumentar el riesgo de lesiones. Aunque las suelas rocker, diseñadas para reducir el impacto y la carga en el tendón de Aquiles al facilitar la transición del pie, pueden disminuir estas fuerzas, el calzado minimalista sigue siendo un factor de riesgo debido a su diseño.

Además, aunque menos comunes, los corredores pueden sufrir lesiones agudas, como fracturas de tobillo o esguinces, especialmente en superficies irregulares o durante esfuerzos intensos (Willwacher, 2018).

4.3. Prevención de lesiones

Dada la alta prevalencia de lesiones entre los corredores, la prevención se ha convertido en un tema prioritario dentro de la medicina deportiva. La investigación en diseño de calzado ha mostrado avances significativos en la reducción de lesiones, destacando la importancia de adaptar las zapatillas a las necesidades específicas del corredor y al terreno donde se practica la actividad. Asimismo, estrategias como la alternancia en las superficies de carrera, la variación en el kilometraje y el fortalecimiento muscular pueden contribuir a minimizar los riesgos asociados (Zaar et al., 2017).

4.4. Zapatillas de correr

Las zapatillas de correr han evolucionado significativamente para cumplir funciones específicas que favorecen el rendimiento y la prevención de lesiones en los corredores. Entre sus características destacadas, las entresuelas más finas y los talones de menor altura han demostrado ser eficaces para reducir el riesgo de lesiones al minimizar el impacto durante la carrera (Ruiz-Alias et al., 2023).

Además de sus propiedades técnicas, es importante comprender cómo el diseño y las características de las zapatillas afectan la biomecánica del corredor. Los diferentes tipos de zapatos, con variaciones en masa y diseño, alteran los patrones de pisada y, por lo tanto, influyen en el riesgo de lesiones (Wang et al., 2020). Por ejemplo, los zapatos de maratón pesan entre 150 y 200 g, los zapatos neutros oscilan entre 200 y 300 g, y los zapatos tradicionales tienen un peso de 360 g. La masa del zapato influye directamente en la carrera, ya que un estudio realizado (Wang et al., 2020) manteniendo constante el diseño del zapato y variando solo su masa demostró que, independientemente del diseño, los zapatos más pesados podrían aumentar el riesgo de lesiones.

El uso de múltiples pares de zapatillas de correr ha demostrado ser beneficioso (Theisen et al., 2016) ya que alternar entre diferentes modelos puede inducir variaciones en la carga física aplicada al sistema musculoesquelético, disminuyendo el riesgo de lesiones por sobrecarga (Ruiz-Alias et al., 2023). Sin embargo, la amplia variedad de modelos disponibles en el mercado puede dificultar la elección del calzado ideal, lo que genera incertidumbre en los corredores (Zaar et al., 2017).

El debate sobre la importancia del calzado en la prevención y tratamiento de lesiones sigue siendo relevante en la medicina deportiva. Tradicionalmente, se ha argumentado que el uso de zapatillas con buena amortiguación puede reducir el impacto sobre las articulaciones y, por ende, disminuir la probabilidad de lesiones (Zaar et al., 2017). Acorde con esto, (Wang et al., 2020) demuestra que el calzado minimalista, que tiene poca amortiguación y soporte, se asocia con mayores cargas en el tendón de Aquiles, lo que podría aumentar el riesgo de lesiones. En este contexto, las suelas rocker, diseñadas para reducir el impacto y la carga sobre el tendón de Aquiles, podrían mitigar estas fuerzas.

La tecnología avanzada de calzado (AFT, por sus siglas en inglés) ha revolucionado el running al incorporar espumas ligeras y resilientes como la PEBA, que retornan hasta un 87 % de la energía, frente al 60-75 % de las espumas tradicionales SFT, tecnología de calzado simple (como el EVA). AFT también incluye una estructura rígida integrada (como placas de carbono) que mejora la eficiencia de carrera, reduciendo el impacto y mejorando la economía de carrera (RE) en un 4-5 %. (Burns & Joubert, 2024). Estas mejoras en el diseño y los materiales han optimizado el rendimiento y la prevención de lesiones en los corredores.

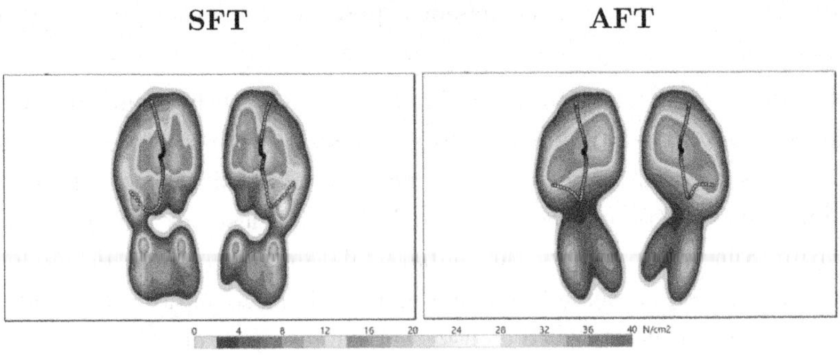

Figura 1. Patrones de presión plantar de un corredor a 19,6 km/h, usando SFT y AFT. Fuente: Burns & Joubert, 2024.

La imagen muestra los patrones de presión plantar de un corredor a 19,6 km/h, comparando el uso de zapatillas con tecnología de calzado simple (SFT), y tecnología avanzada de calzado (AFT). Se observa que AFT distribuye mejor las presiones sobre el pie, lo que puede reducir el impacto y mejorar la eficiencia en la carrera.

El calzado ideal debe respetar las características físicas, anatómicas y biomecánicas de cada corredor, además de ofrecer una sensación subjetiva de confort. Este confort no solo influye en el rendimiento, sino que también puede ser clave para evitar molestias que incrementen el riesgo de lesiones (Zaar et al., 2017). Consciente de estas necesidades, el mercado ha desarrollado productos que prometen no solo mejorar la eficiencia en carrera, sino también reducir la incidencia de lesiones, consolidando el diseño de zapatillas como un aspecto crucial en la prevención de riesgos asociados al running.

4.5. Superficie de carrera

La superficie sobre la que se corre tiene un impacto significativo en la biomecánica del corredor y en la incidencia de lesiones. Las superficies más utilizadas, como el asfalto y el hormigón, son altamente rígidas, lo que genera un impacto mecánico considerable en cada zancada. Este choque puede sobrecargar las articulaciones y los tendones, aumentando el riesgo de fracturas por estrés y otras lesiones relacionadas, especialmente cuando no se utiliza calzado con la amortiguación adecuada. Las carreras largas en estas superficies, particularmente aquellas que superan los 64 kilómetros semanales, pueden agravar estos riesgos (Zaar et al., 2017).

Por otro lado, las superficies blandas, como la hierba o la tierra, ofrecen cierta flexibilidad y absorben parte del impacto, pero también presentan algunas dificultades. Estas superficies pueden provocar hipermovilidad articular y fatiga muscular debido a la mayor adaptación necesaria para mantener el equilibrio. Además, las irregularidades del terreno, como pendientes resbaladizas o desniveles, incrementan el riesgo de lesiones, especialmente si no se cuenta con calzado adaptado al terreno (Zaar et al., 2017).

Las superficies irregulares o inclinadas generan tensiones asimétricas en el cuerpo, lo que puede provocar discrepancias funcionales en la longitud de las piernas. Estas alteraciones biomecánicas pueden derivar en afecciones como el síndrome de estrés tibial medial o la bursitis trocantérica, una inflamación de la bursa ubicada en la parte externa de la cadera, que puede causar dolor y limitación en el movimiento de la articulación (Zaar et al., 2017).

Para mitigar estos riesgos, se recomienda alternar entre diferentes tipos de superficies durante el entrenamiento. La introducción de terrenos más blandos o flexibles puede ayudar a reducir el impacto acumulado sobre el sistema musculoesquelético, mientras que el uso de calzado diseñado específicamente para cada superficie mejora la estabilidad y disminuye la incidencia de lesiones. Este enfoque preventivo resulta crucial para optimizar tanto el rendimiento como la seguridad en la práctica del running.

5. Conclusiones

El análisis realizado en esta monografía evidencia la relación entre el uso de zapatillas de running, las características del terreno y la incidencia de lesiones en corredores. Las zapatillas, más allá de ser un complemento, desempeñan un papel fundamental en la prevención de lesiones y en la optimización del rendimiento deportivo, siempre y cuando se seleccionen y utilicen de manera adecuada.

Los avances tecnológicos en el diseño del calzado han permitido el desarrollo de modelos con características específicas, como entresuelas más finas, amortiguación estratégica y soporte estructural, que no solo mejoran la comodidad, sino que también redistribuyen las fuerzas generadas durante la carrera. Estos avances han contribuido a reducir el riesgo de lesiones por sobrecarga y a optimizar la economía de carrera, convirtiendo las zapatillas en herramientas clave para el rendimiento deportivo (Ruiz-Alias et al., 2023).

Asimismo, se ha comprobado que la superficie sobre la que se corre influye en la biomecánica del corredor. Las superficies duras, como el asfalto y el hormigón, generan impactos mecánicos elevados que pueden aumentar el riesgo de fracturas por estrés y lesiones articulares. En contraste, las superficies más blandas, aunque ofrecen una mayor absorción del impacto, pueden provocar fatiga muscular o inestabilidad en terrenos irregulares.

Por ello, un enfoque integral para la prevención de lesiones debe considerar no solo las características del calzado y las superficies de carrera, sino también la metodología del entrenamiento (Zaar et al., 2017). Alternar entre diferentes tipos de superficies, diversificar el uso de zapatillas y ajustar progresivamente la carga de entrenamiento son estrategias efectivas para reducir la incidencia de lesiones. Además, es crucial que los corredores elijan calzado que respete sus características físicas y biomecánicas, priorizando siempre el confort y la estabilidad.

Finalmente, este estudio destaca la necesidad de continuar desarrollando estudios que profundicen en la interacción entre el diseño del calzado, la superficie de carrera y los factores individuales del corredor. Estos esfuerzos permitirán avanzar hacia un enfoque más personalizado en la prevención de lesiones y en la mejora del rendimiento, beneficiando tanto a corredores como a profesionales del diseño deportivo.

Referencias

BERMON, S. (2021). Evolution of distance running shoes: Performance, injuries, and rules. *Journal of Sports Medicine and Physical Fitness*, 61(8), 1073-1080. Scopus. https://doi.org/10.23736/S0022-4707.21.12728-8

Burns, G. T., & Joubert, D. P. (2024). Running Shoes of the Postmodern Footwear Era: A Narrative Overview of Advanced Footwear Technology. International *Journal of Sports Physiology and Performance*, 19(10), 975-986. Scopus. https://doi.org/10.1123/ijspp.2023-0446

Ruiz-Alias, S. A., Molina-Molina, A., Soto-Hermoso, V. M., & García-Pinillos, F. (2023). A systematic review of the effect of running shoes on running economy, performance and biomechanics: Analysis by brand and model. *Sports Biomechanics*, 22(3), 388-409. Scopus. https://doi.org/10.1080/14763141.2022.2089589

Sinclair, J., Richards, J., & Shore, H. (2015). Effects of minimalist and maximalist footwear on Achilles tendon load in recreational runners. *Comparative Exercise Physiology*, 11(4), 239-244. Scopus. https://doi.org/10.3920/CEP150024

Theisen, D., Malisoux, L., Gette, P., Nührenbörger, C., & Urhausen, A. (2016). Footwear and running-related injuries-Running on faith? *Sports Orthopaedics and Traumatology,* 32(2), 169-176. Scopus. https://doi.org/10.1016/j.orthtr.2016.03.047

Wang, I.-L., Graham, R. B., Bourdon, E. J. P., Chen, Y.-M., Gu, C.-Y., & Wang, L.-I. (2020). Biomechanical analysis of running foot strike in shoes of different mass. *Journal of Sports Science and Medicine,* 19(1), 130-137. Scopus.

Willwacher, S. (2018). Running shoes: Injury protection and performance enhancement. En *Handbook of Human Motion* (Vols. 2-3, pp. 1613-1628). Scopus. https://doi.org/10.1007/978-3-319-14418-4_121

Zaar, A., Neves, E. B., Rouboa, A. I., & Reis, V. M. (2017). Determinative factors in the injury incidence on runners: Synthesis of evidence "injuries on runners". *Open Sports Sciences Journal*, 10, 294-304. Scopus. https://doi.org/10.2174/1875399X01710010294

Potencialitat del residu del cànem industrial per l'obtenció de subproductes

Cristina Valls Vidal, Oriol Cusola, M. Blanca Roncero

CELBIOTECH_Paper Engineering Research Group

Departament d'Enginyeria Gràfica i de Disseny

Resum

El cultiu del cànem industrial ha augmentat considerablement en els últims anys degut al seu potencial en ser aplicat en diferents sectors. Un dels principals problemes d'aquest cultiu és el residu que es genera després del seu aprofitament. Aquest residu (anomenat canemuixa) procedeix de la part interior o cortical de la tija del cànem, la qual pot arribar a representar fins a 50 % del vegetal. Dins el concepte d'Economia Circular, l'objectiu d'aquest treball és revaloritzar aquest residu amb la finalitat de trobar-ne noves aplicacions tant per a la industria alimentària com paperera. La canemuixa és un residu compost de lignina, cel·lulosa i hemicel·luloses (lignocel·lulosa). En aquest treball s'han extret per una banda les fibres de la canemuixa dissolent o trencant la lignina que la conforma mitjançant una combinació de processos químics i mecànics. D'altra banda, se n'han extret part de les hemicel·luloses, obtenint un efluent amb xilooligosacàrids i amb elevada capacitat antioxidant.

Abstract

The cultivation of industrial hemp has increased considerably in recent years due to its potential when applied in different sectors. One of the main problems of this crop is the residue that is generated after its use. This residue (called hemp hurds) comes from the inner or cortical part of the hemp stem, which can represent up to 50 % of the plant. Within the concept of Circular Economy, the aim of this work is to revalue this waste in order to find new applications for both the food and paper industries. Hemp hurds is a residue composed of lignin, cellulose and hemicelluloses (lignocellulose). In this work, on the one hand, hemp hurd fibers have been extracted by dissolving or breaking the lignin that surrounds the fibres through a combination of chemical and mechanical processes. On the other hand, part of the hemicelluloses have been extracted, obtaining an effluent with xylooligosaccharides with a high antioxidant capacity.

1. Introducció

Per tal de fer front al context actual d'emergència climàtica, com a societat hem de fer una transició cap a la bioeconomia i l'economia circular. Una via de contribuir en aquesta bioeconomia és utilitzant noves fonts renovables per a la producció de biocombustibles, bioproductes o biomaterials dins el concepte de Biorefineria. En aquest sentit, la biomassa lignocel·lulòsica presenta gran potencial i està despertant gran interès. En els últims anys, està ressorgint arreu del mon, i sobretot a països europeus, el cultiu del cànem industrial (*Cannabis sativa*, una espècie que té un baix contingut en THC). A Espanya, per exemple, les dades del Ministeri d'Agricultura indiquen que el cultiu de cànem va passar de 61 hectàrees el 2016 a 510 hectàrees el 2020. El cànem industrial és una planta fotoperiòdica amb un cicle curt (90-120 dies), essent un cultiu de primavera-estiu, té una baixa demanda hídrica (el que fa que s'adapti molt bé a les condicions climàtiques de Catalunya) i no necessita ni pesticides ni herbicides ni cap tipus d'intervenció entre sembra i collita. Així doncs, és un bon candidat en contribuir en una bioeconomia de futur, i en el model futur sostenible d'economia circular (Rodríguez, Esaú). Un altre dels motius del seu creixent interès és que la planta de cànem s'utilitza integralment, qualitat que es dona en pocs cultius. Aquest fet fa que el cultiu de cànem sigui molt versàtil i tingui aplicacions en diferents sectors. Per exemple, a la part exterior de la tija (anomenat líber o floema) s'hi troba la fibra (33 % del vegetal), la qual té aplicacions en diferents indústries com la tèxtil o paperera. La llavor representa el 10-12 % amb aplicacions en alimentació, mentre que entre 5-7 % correspon a pedres, arrels, restes de plantes adventícies i pols. D'altra banda, la major part del vegetal, entre un 50-70 % en pes aproximadament, correspon a la palla o canemuixa, la qual representa un residu important d'aquest cultiu. La canemuixa està situada a la part interior de la tija, també anomenada lleny o xilema. Degut a les bones propietats higroscòpiques i antibactericides que presenta, actualment se'n coneixen varies aplicacions: serradures, jaç per a cavalls, protecció de sols, en construcció o en biocombustible. Tot i així, el gran augment d'aquest cultiu fa indispensable trobar-ne noves aplicacions emergents i de major valor afegit per tal d'evitar-ne el seu malbaratament.

L'objectiu d'aquest treball és d'una banda extreure les fibres de la canemuixa i obtenir-ne papers, i d'altra banda extreure part de les hemicel·luloses del tipus xilà per tal d'obtenir-ne xilooligosacàrids (XOS) amb activitat antioxidant (Valls et al., 2018).

2. Materials i mètodes

2.1. Caracterització de la matèria prima

La canemuixa utilitzada ha estat prèviament caracteritzada. S'ha determinat la quantitat de matèria inorgànica o cendres (Tappi 211), d'extractius (Tappi 204), i el contingut en holocel·lulosa (Tappi 203), i en lignina (Tappi 222).

2.2. Extracció de fibres

L'extracció de les fibres del vegetal s'ha realitzat mitjançant una combinació de processos químics i mecànics. S'han realitzat tres tipus de processos químics (Taula 1), a diferents condicions de temperatura i hidromòdul. Finalitzat el procés químic s'ha realitzat un procés mecànic mitjançant el refí de doble disc Sprout-Waldron.

Finalitzat el pulpejat la pasta obtinguda ha estat passada per un classificador de fibres que ha permès separar les fibres obtingudes dels encuits. Se n'ha determinat el seu rendiment. Seguidament, s'han fabricat papers a partir de les fibres obtingudes mitjançant el formador de fulls Rapid Khöthen.

Condicions	P1	P2	P3
Temperatura (°C)	110	120	134
Temps (h)	3	3	3
Hidromòdul	20	15	10
% Àlcali actiu	12	20	20

Taula 1. Condicions de pulpejat.

2.3. Extracció d'hemicel·luloses

L'extracció d'hemicel·luloses s'ha realitzat mitjançant un procés d'autohidròlisi. El procés d'autohidròlisi s'ha realitzat en un autoclau, amb 15 grams de matèria seca i 150 mL d'aigua (hidromòdul de 10), durant 180 min. Després d'aquest procés la canemuixa s'haurà dividit en dues fraccions, una líquida (amb els XOS dissolts), i una sòlida (composta per cel·lulosa, lignina i part de les hemicel·luloses no dissoltes). S'ha analitzat el pH dels lleixius obtinguts així com el contingut en XOS i la seva capacitat antioxidant mitjançant els mètodes del DNS i ABTS (Valls et al., 2018).

3. Resultats

3.1. Caracterització de la matèria prima

A la Taula 2 s'observa el contingut en components minoritaris (cendres i extractius) i majoritaris (holocel·lulosa i lignina) del vegetal. S'aprecia que el contingut en cendres és del 2 %, lleugerament superior al reportat en fusta de frondoses com l'eucaliptus. D'altra banda, el contingut en extractius és baix (només 0,7 % del vegetal). El contingut en lignina és del 26 % i el contingut en holocel·lulosa del 72 % (aquesta consta de la cel·lulosa i de les hemicel·luloses). Està descrit que les fibres de canemuixa tenen major proporció d'hemicel·luloses del tipus xilà, similar a les frondoses.

Cendres (%)	2,3
Extractius (%)	0,7
Holocel·lulosa (%)	72
Lignina Klason (%)	26,5

Taula 2. Composició química de la canemuixa utilitzada.

3.2. Obtenció de fibres a partir de la canemuixa

Primerament s'ha realitzat un procés de cocció suau a la canemuixa (Processos P1 i P2 de la Taula 1), seguit d'un tractament mecànic. A la Figura 1 es pot observar l'aspecte de la canemuixa després del procés químic de cocció. S'aprecia que la major part de les fibres encara es troben enganxades entre elles en el vegetal, i no s'aprecia un aspecte de pasta. D'altra banda, després del procés mecànic de cocció les fibres sí que han estat separades obtenint un aspecte pasta.

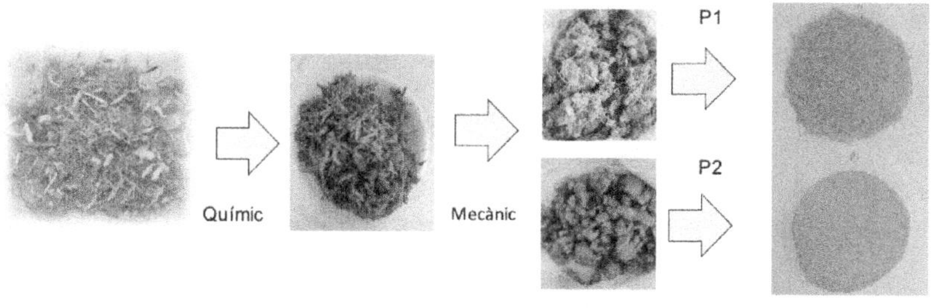

Figura 1. Procés d'obtenció de fibres a partir de la canemuixa.

Tot així es poden apreciar diferències visuals entre els dos processos de pulpejat químic. En el primer procés (P1) s'observa una gran quantitat d'encuits (parts del vegetal amb les fibres encara unides entre elles), mentre que en el procés de pulpejat 2 (P2), els encuits disminueixen considerablement. La presència d'aquests encuits és visible també al formar-se la formeta de paper (Figura 1). D'aquestes formetes se'n va mesurar la blancor i aquesta va ésser superior en el segon procés (34,1 % ISO vs 28,5 % ISO en el P1), suggerint que un augment en la temperatura del procés provoca una major eliminació de lignina, facilitant la separació de les fibres.

A la Figura 2 es mostren les imatges de microscòpia òptica de les fibres obtingudes. S'aprecia la presència de fibres curtes (inferiors a 1mm), que apareixen tenyides de groc amb el colorant Herzberg indicant que el contingut en lignina és força elevat. Es segueix observant que la presència d'encuits és superior en el P1. Cal destacar la diferència evident d'aquesta fibra procedent de la canemuixa (fibres llenyoses del cànem), versus la típica fibra de cànem utilitzada en les industries tèxtil i paperera. Les fibres utilitzades en aquestes industries procedeixen de la part exterior de la tija del vegetal (líber), i es caracteritzen per tenir una elevada relació longitud/diàmetre proporcionant propietats molt interessants en la producció de papers especials. La presència de fibres llenyoses en aquestes indústries no acostuma a ser desitjada. El principal motiu és que són fibres molt curtes, més curtes que les fibres de frondoses (que fan al voltant d'1,5 mm) i aporten poca resistència als papers. Tot i així, l'augment

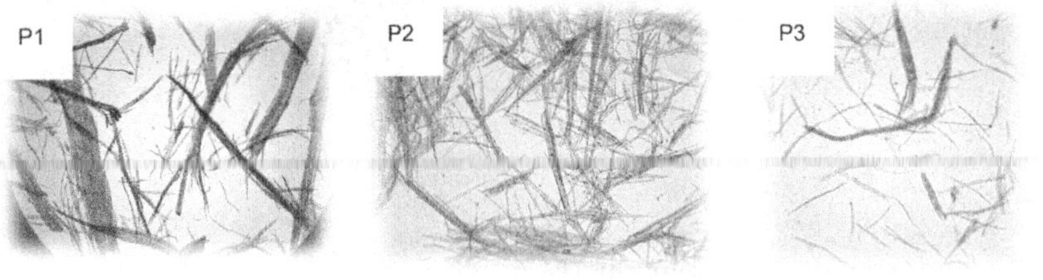

Figura 2. Microscopia òptica de les fibres obtingudes en els diferents processos (P1, P2 i P3).

del cultiu del cànem industrial ha comportat indirectament un augment en aquesta canemuixa, el què ha provocat un creixent interès en la utilització de les seves fibres per a fer paper (Naithaini et al., 2020).

3.3. Efecte de l'extracció d'hemicel·luloses en el pulpejat

Seguidament es va dur a terme un tercer pulpejat (P3) augmentant la temperatura a 134º (Taula 1). En comparació amb els processos 1 i 2 en aquest procés es va reduir considerablement el % d'encuits tal com s'aprecia a la imatge de microscòpia òptica de la Figura 2. Com s'observa a la Figura 3a, aquest percentatge d'encuits (7 %) va ser molt inferior al percentatge en fibres obtingudes que va arribar a ser del 36 %. A més, durant el procés de pulpejat es va reduir el contingut en lignina fins el 53 %.

Amb la finalitat de millorar el rendiment en fibres sense augmentar la intensitat del procés químic de cocció, es va realitzar previ al pulpejat un procés d'autohidròlisi (AHP3). Durant aquest procés part de les hemicel·luloses del tipus xilà seran extretes de vegetal. Com es pot apreciar a la Figura 3a, el procés d'autohidròlisi va fer augmentar el rendiment en fibres fins el 43 % i es va reduir el percentatge en encuits fins al 4,5 %. A més, es va extreure fins el 66 % de lignina.

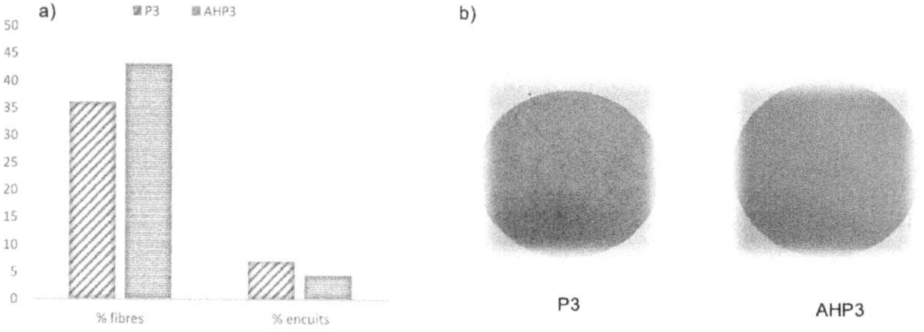

Figura 3. a) Rendiment en fibres i en encuits del procés P3 i efecte del pretractament amb autohidròlisi (AHP3). b) Imatge dels papers obtinguts.

D'aquestes fibres se'n van obtenir papers, els quals van tenir una molt bona formació. El seu aspecte s'observa a la Figura 3b. S'aprecia la major presència d'encuits sense el pretractament d'autohidròlisi.

3.4. Obtenció de XOS amb activitat antioxidant

És conegut que durant el procés d'autohidròlisi, les ramificacions del tipus acetil presents en el xilà es trencaran donant lloc a àcid acètic i conseqüentment produint una baixada de pH del medi. Aquestes condicions àcides degradaran preferentment les hemicel·luloses del tipus xilà a cadenes més curtes formant xilooligosacàrids (XOS) de diferent longituds. Es va voler demostrar la presència d'aquests XOS en els efluents del tractament d'autohidròlisi i si aquests tenien capacitat antioxidant. Primer de tot es va comprovar que finalitzat el tractament el pH dels lleixius baixava de 5,3 a 4,1. Seguidament es va quantificar el contingut en XOS mitjançant el mètode del DNS el qual va ser d'1,5 g/L. Quant aquests XOS es van afegir en una preparació amb el radical ABTS, la presència d'aquest radical es va inhibir completament, indicant un 100 % d'activitat antioxidant dels XOS obtinguts.

4. Conclusions

L'augment del cultiu del cànem industrial ha comportat indirectament un augment del residu anomenat canemuixa, el què ha comportat un creixent interès en la seva revalorització. En aquest treball s'ha demostrat que combinant processos químics i mecànics es poden extreure les fibres d'aquest residu. S'ha observat que aquestes fibres són curtes i que permeten obtenir papers amb una molt bona formació. Finalment s'ha demostrat que si es realitza un procés d'autohidròlisi es pot augmentar el rendiment en fibres, l'eliminació de lignina, i es poden obtenir uns efluents amb presència de XOS amb activitat antioxidant. Aquest treball demostra la gran potencialitat que presenta el residu del cànem industrial en l'obtenció de subproductes d'alt valor afegit.

Agraïments

Aquest treball forma part d'una "Activitat de demostració de transferència de coneixements". Aquesta activitat és cofinançada per la UE a través de la intervenció 7201 del Pla estratègic de la PAC 2023-2027.

També forma part del projecte PID2020-114070RB-I00 (CELLECOPROD), finançat per MCIN/AEI/10.13039/501100011033.

Els autors agraeixen al grup d'investigació consolidat AGAUR 2021 SGR 00852.

Cristina Valls i Oriol Cusola són Professors Serra Húnter.

Referències

Naithani, V., Tyagi, P., Jameel, H., Lucia, L. A., & Pal, L. (2020). "Ecofriendly and innovative processing of hemp hurds fibers for tissue and towel paper,et al. (2020). *Bioresources,* 15(1), 706-720. https://doi.org/10.15376/biores.15.1.706-720

Rodríguez González, E. (2019). Agrocultura, 75, primavera.

Valls, C., Javier Pastor, F.I., Vidal, T., Roncero, M.B., Díaz, P., Martínez, J. Et al. (2018). Antioxidant activity of xylooligosaccharides produced from glucuronoxylan by Xyn10A and Xyn30D xylanases and eucalyptus autohydrolysates.*Carbohydrate Polymers*, 194, 43-50. https://doi.org/10.1016/j.carbpol.2018.04.028

Made in the USA
Monee, IL
04 November 2026

67379249R00157